机电一体化系列教材

数控车削编程与加工

主　审　黄志辉
主　编　严　霞　刘　斌
副主编　朱爱梅　秦明伟　姚翠萍

苏州大学出版社

图书在版编目（CIP）数据

数控车削编程与加工／严霞，刘斌主编. —苏州：
苏州大学出版社，2018.12
机电一体化系列教材
ISBN 978-7-5672-2714-9

Ⅰ.①数… Ⅱ.①严… ②刘… Ⅲ.①数控机床-车
床-车削-程序设计-高等职业教育-教材②数控机床-
车床-加工-高等职业教育-教材 Ⅳ.①TG519.1

中国版本图书馆 CIP 数据核字（2018）第 283670 号

数控车削编程与加工

严 霞 刘 斌 主编

责任编辑 周建兰

苏州大学出版社出版发行
（地址：苏州市十梓街 1 号 邮编：215006）
苏州工业园区美柯乐制版印务有限责任公司
（地址：苏州工业园区东兴路 7-1 号 邮编：215021）

开本 787mm×1 092mm 1/16 印张 10.75 字数 259 千
2018 年 12 月第 1 版 2018 年 12 月第 1 次印刷
ISBN 978-7-5672-2714-9 定价：29.00 元

苏州大学版图书若有印装错误，本社负责调换
苏州大学出版社营销部 电话：0512-67481020
苏州大学出版社网址 http://www.sudapress.com
苏州大学出版社邮箱 sdcbs@suda.edu.cn

前 言 Preface

　　《数控车削编程与加工》是数控技术专业的核心课程,目标是让学生掌握数控车床加工程序编制的基础知识和机床操作方法,初步具备数控车床技术人员的基本素质和技能。随着数控加工技术在汽车制造、模具制造、航空制造等领域的广泛应用,掌握相关产品零件的数控编程与加工成为高职高专数控技术应用及相关专业学生必须要掌握的一项核心技能。

　　本书根据现有优质的实训教学资源,将课堂搬进车间,让学生在课程学习过程中尽可能多地接触机床、接触产品,采取理实一体化的方式进行教学。经过长期的教学经验积累,在机电工程系项目教材建设小组的领导下,数控技术应用专业组织专门力量,借"十二五"省级重点专业群"机电产品设计与制造"建设契机,完成本教材的编写工作。

　　本书以项目为导向,以教学任务为驱动,共分为3篇11个项目,以数控车床为载体,让学生从"0"到"1"、从没有用过数控车床到掌握数控车床的操作技术并达到国家职业标准数控车工中级工的要求。项目内容贴近国家技能鉴定题库,教学场所设在实训基地数控车床实训区,让学生离设备最近,离教师最近,离所要学习的技能最近。

　　本教材紧密结合学生的特点、企业的实际需求编写,具有以下特色:

　　(1)采取以工作过程为中心的行动体系,以项目为载体,以工作任务为驱动,以学生为主体,真正做到"教、学、做"一体化。

　　(2)内容安排和组织形式上突破了常规按章节顺序编写知识与训练内容的结构形式,以工程项目为主线,按项目教学的特点分三个部分组织教材内容,方便学生学习和训练。

　　(3)紧密结合数控车工职业技能鉴定题库,案例由浅入深。实践操作部分配备大量的图片素材,对操作步骤进行详细描述。

　　由于编者水平有限,书中内容难免存在不足和纰漏之处,恳请读者批评指正。

目 录 Contents

第一篇　数控车削编程与操作备战

项目一　数控车削编程基础

▶▶ 项目目标

- 了解数控编程的概念、编程的内容和编程的步骤。
- 掌握数控编程的方法及程序格式。
- 掌握数控机床的坐标系及数控机床编程的相关知识。

▶▶ 相关知识

1. 数控编程的概念

把零件的加工工艺路线、工艺参数、刀具的运动轨迹、位移量、切削参数(主轴转数、进给量、背吃刀量等)以及辅助功能(换刀、主轴正转、反转以及切削液开、关等),按照数控机床规定的指令代码及程序格式编写成加工程序单,输入数控机床的控制装置中,从而控制机床加工零件,这一过程称为数控机床程序的编制。

2. 数控编程的内容和步骤

(1) 数控编程的内容

数控编程的内容主要有:分析零件图样,确定加工工艺过程;数值计算;编写零件加工程序单;输入/传送程序;程序校验,首件试切。

(2) 数控编程的步骤

数控编程的一般步骤如图 1-1-1 所示。

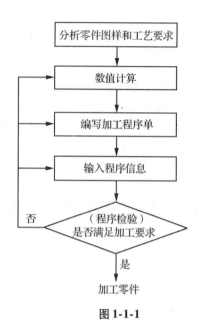

图 1-1-1

3. 数控编程的方法

目前,常用的程序编制方法有两种:手工编程和自动编程。

(1) 手工编程

手工编程利用一般的计算工具,通过各种数学方法,人工进行刀具轨迹的运算,并用数控指令编制加工程序。这种方法比较简单,很容易掌握,适应性较大。它适用于中等复杂程度、计算量不大的零件编程,机床操作人员必须掌握。

(2) 自动编程

自动编程是利用通用的微机和专用的自动编程软件,以人机对话方式确定加工对象和加工条件,自动进行运算和生成加工程序。对形状简单(轮廓由直线和圆弧组成)的零件,手工编程可以满足要求;但对于曲线轮廓等复杂的零件,一般采用计算机自动编程。目前,中小型企业普遍采用这种方法编制较复杂的零件加工程序,其编程效率高,可靠性好。专用软件多为在开放式操作系统环境下,在微机上开发,成本低,通用性好。

本书主要介绍 FANUC 0i Mate 数控系统的手工编程方法。手工编程的一般步骤是:分析工件的零件图及技术要求→确定工艺路线→计算刀具轨迹坐标→用数控指令编制程序。

4. 数控编程的程序格式

(1) 程序的结构

加工程序由若干程序段组成,程序段由一个或若干个指令字组成,指令字由地址符和

数字组成,地址符由一个字母组成。用";"(在控制面板上按"EOB"按钮)表示程序段结束。程序结构举例如下:

```
O5858;                          程序号
T0101;                          一个指令字组成一个程序段
M03   S800;                     两个指令字组成一个程序段
M08;                            地址符为"M",数字为"08"
G00   X42   Z2;
G90   X38   Z-20   F100;
      X36;                      地址符为"X",数字为"36"
      X34;                                              程序内容
      X32;
      X30;
G00   X100   Z100;
M05;
M09;
M30;                            程序结束
```

程序开始处应有程序名,程序结束处应有程序结束标志。指令字代表某一确定的信息单元,可以表示机床的一个动作或刀具的一个位置。

① 程序名。

程序名为程序的开始部分。采用程序编号地址码区分存储器中的程序,不同数控系统程序编号地址码不同,如 O、P、% 等。其中第一个程序段"O5858"是整个程序的程序号,也叫程序名,由地址码 O 和四位数字组成。每一个独立的程序都应有程序号,它可作为识别、调用该程序的标志。

不同的数控系统,程序号地址码不相同。如 FANUC 系统用 O,AB8400 系统用 P,西门子系统用%。编程时应根据说明书的规定使用,否则系统将不接受。

② 程序内容。

程序内容由若干个程序段组成,每个程序段由一个或多个指令字构成,每个指令字由地址符和数字组成,它代表机床的一个位置或一个动作,每一个程序段结束用";"号。

一个程序的最大长度取决于数控系统中程序存储区的容量。现代数控系统的存储区容量已足够大,一般情况下已足够使用。一个程序段的字符数也有一定的限制,如某些数控系统规定一个程序段的字符数≤90 个,一旦大于限定的字符数时,则把它分成两个或多个程序段。

每个程序段以程序段号"N××××"开头,用";"表示程序段结束(有的系统用 LF、CR 等符号表示),每个程序段中有若干个指令字,每个指令字表示一种功能,所以也称功能字。功能字的开头是英文字母,其后是数字,如 G90、G01、X100.0 等。一个程序段表示一个完整的加工工步或加工动作。

③ 程序结束段。

以程序结束指令 M02 或 M30 作为整个程序结束的符号。

（2）程序段格式

程序段格式是指一个程序段中指令字（地址符和数字）的排列顺序和表达方式。在国际标准 ISO6983-1—1982 和我国的 GB8870—1988 标准中都作了具体规定。目前数控系统广泛采用的是字地址程序段格式。

字地址程序段格式由一系列指令字或功能字组成，程序段的长短、指令字的数量都是可变的，指令字的排列顺序没有严格要求。各指令字可根据需要选用，不需要的指令字以及与上一程序段相同的续效指令字可以不写。这种格式的优点是程序简短、直观、可读性强、易于检验、修改。字地址程序段的一般格式如下：

N__ G__ X__ Y__ Z__ … F__ S__ T__ M__ ；

其中，N 为程序段号字，G 为准备功能字，X、Y、Z 为坐标功能字，F 为进给功能字，S 为主轴转速功能字，T 为刀具功能字，M 为辅助功能字。

5. 常用地址符及指令字

（1）程序号地址符 O

程序号地址符 O 后接 4 位数字组成程序号，如 O5858 等。为了区别存储器中的程序，每个程序都要有程序号。

（2）程序段顺序号地址符 N

程序段顺序号地址符 N 后接 4 位数字组成程序段顺序号，如 N0001、N0002 等。程序段顺序号是程序段的代号，某个程序段可以有顺序号，也可以没有顺序号，加工时不以顺序号的大小来为各个程序段排序。

（3）绝对坐标地址符 X、Z

绝对坐标地址符 X、Z 后接数字组成绝对坐标指令字，如 X42、Z2 等。后接数字的默认单位为 mm（有的数控系统默认单位为 μm）。X 或 Z 后接的数字为刀具运动的终点在工作坐标系中 X 或 Z 坐标轴上的坐标值。

（4）增量坐标地址符 U、W

增量坐标地址符 U、W 后接数字组成增量坐标指令字，如 U－2、W－20 等。后接数字的默认单位为 mm（有的数控系统默认单位为 μm）。U 或 W 后接的数字为此程序段中刀具运动的终点相对于起点在 X 或 Z 坐标轴上的增量值。

（5）进给速度地址符 F

进给速度由进给速度地址符 F 后接数字指定，默认单位为 mm/min（有的数控系统默认单位为 mm/r），如 F100 表示刀具相对于工件的移动速度为每分钟 100mm。

（6）主轴转速地址符 S

主轴转速由主轴转速地址符 S 后接数字指定,默认单位为 r/min,如 S800 表示主轴的转动速度为每分钟 800r。

（7）刀具功能地址符 T

刀具及刀具补偿号由刀具功能地址符 T 后接 4 位数字指定,前两位数字为刀具号码,后两位数字为刀具补偿号码,如 T0101 表示调用 1 号刀位上的刀具,并采用 1 号刀补。

（8）准备功能地址符 G

准备功能地址符 G 后接两位数字组成准备功能指令字,如 G00、G01 等,用来指定机床的某种动作方式。

（9）辅助功能地址符 M

辅助功能地址符 M 后接两位数字组成辅助功能指令字,如 M03、M08 等,主要用来控制机床某种辅助功能的开关。常用辅助功能地址符见表 1-1-1。

表 1-1-1　常用辅助功能地址符

序号	代码	功能	序号	代码	功能
1	M00	程序暂停	7	M30	程序结束
2	M01	程序选择停止	8	M08	切削液开
3	M02	程序结束	9	M09	切削液关
4	M03	主轴正转	10	M98	调用子程序
5	M04	主轴反转	11	M99	返回主程序
6	M05	主轴停转			

6. 数控机床的坐标系

为了简化编制程序的方法和保证记录数据的互换性,对数控机床的坐标和方向的命名国际上很早就制定了统一标准,我国于 1982 年制定了 JB3051—1982《数控机床坐标和运动方向的命名》标准。

（1）机床相对运动的规定

在机床上,我们始终认为工件是静止的,刀具是运动的。

（2）机床坐标系的规定

标准机床坐标系中,X、Y、Z 坐标轴的相互关系可用右手笛卡尔坐标系决定。

（3）运动方向的规定

增大刀具与工件距离的方向即为各坐标轴的正方向。

在标准中统一规定采用右手直角笛卡儿坐标系对机床的坐标系进行命名。用 X、Y、Z

表示直线进给坐标轴,*X*、*Y*、*Z* 坐标轴的相互关系由右手法则决定,如图 1-1-2 所示。

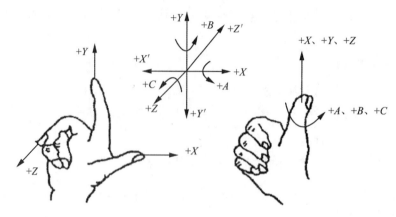

图 1-1-2

　◇ 大拇指的指向为 *X* 轴的正方向。
　◇ 食指的指向为 *Y* 轴的正方向。
　◇ 中指的指向为 *Z* 轴的正方向。

围绕 *X*、*Y*、*Z* 轴旋转的圆周进给坐标轴分别用 *A*、*B*、*C* 表示,根据右手螺旋定则,以大拇指指向 $+X$、$+Y$、$+Z$ 方向,则食指、中指等的指向是圆周进给运动的 $+A$、$+B$、$+C$ 的方向。

数控车床坐标和方向如图 1-1-3 所示。

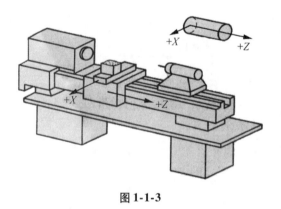

图 1-1-3

7. 机床坐标系与工件坐标系

(1) 机床坐标系(机械坐标系)

机床坐标系是机床上固有的坐标系,机床坐标系的方位是参考机床上的一些基准确定的。在标准中,规定平行于机床主轴(传递切削力)的刀具运动坐标轴为 *Z* 轴,取刀具远离工件的方向为 *Z* 的正方向($+Z$)。*X* 轴为水平方向,且垂直于 *Z* 轴并平行于工件的装夹面,对于工件做旋转运动的车床,取平行于横向滑座(工件的径向)的刀具运动坐标

轴为 X 轴,同样,取刀具远离工件的方向为 X 的正方向($+X$)。

① 机床原点。

机床坐标系是机床固有的坐标系,机床坐标系的原点也称为机床原点或机床零点。在机床经过设计制造和调整后这个原点便被确定下来,它是固定的点。

② 机床参考点。

机床参考点是数控机床上的一个固定点,通常安装在 X 轴和 Z 轴的正向的最大行程处,该点由机床出厂时预先设定,不可更改,机床打开时首先必须回参考点。

(2) 工件坐标系

工件坐标系是编程人员在编程时使用的,编程人员选择工件上的某一已知点为原点,称为编程原点或工件原点。工件坐标系一旦建立便一直有效,直到被新的工件坐标系取代。

① 工件原点与工件坐标系。

零件图给出后,首先应找出图样上的设计基准点,其他各项尺寸均是以此尺寸为基准进行的,该点称为工件原点(编程原点);以工件原点与坐标原点建立的 X 轴、Y 轴与 Z 轴的坐标系,称为工件坐标系。

数控车削编程原点一般选在工件右端面回转中心线上。

② 工件坐标系的选择原则。

要尽量满足编程简单、尺寸换算少、引起的加工误差小等条件。

8. 直径编程与半径编程

在数控车削加工程序中,X 轴的坐标值有两种表示方法,即直径表示法和半径表示法,分别对应于直径编程与半径编程。

(1) 直径编程

采用直径编程时,程序中 X 轴的坐标值为零件图上的直径值。图 1-1-4 中,点 A 的坐标为($20, -15$),点 B 的坐标为($36, -30$)。

(2) 半径编程

采用半径编程时,程序中 X 轴的坐标值为零件图上的半径值。图 1-1-4 中,点 A 的坐标为($10, -15$),点 B 的坐标为($18, -30$)。

数控系统默认的编程方法为直径编程,采用直径编程时,程序中 X 轴的坐标值与图样上标注的直径值一致,这样可以避免尺寸换算及换算过程中可能造成的错误,给数控编程带来很大的方便。

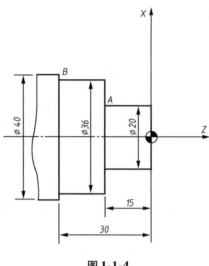

图 1-1-4

9. 绝对坐标编程、增量坐标编程和混合坐标编程

对于一个数控车削加工程序而言,如果程序中没有增量坐标指令字,全部采用绝对坐标指令字编程,称为绝对坐标编程;如果程序中没有绝对坐标指令字,全部采用增量坐标指令字编程,称为增量坐标编程;如果同一个程序中既有绝对坐标指令字,又有增量坐标指令字,称为混合坐标编程。

如图 1-1-5 所示,刀具从点 A 沿直线移动到点 B,用绝对坐标编程为

    G01 X40 Z -30;

用增量坐标编程为

    G01 U20 W -15;

用混合坐标编程为

    G01 X40 W -15;或 G01 U20 Z -30;

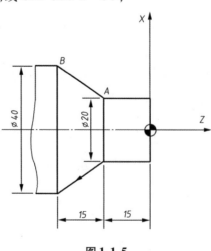

图 1-1-5

编程时,应根据计算方便程度和编程者的习惯选用编程方法。

10. 指令的模态与初态

模态指令是指指令不仅在设定的程序段内起作用,在后续的程序段内也起作用,直到被其他适当的指令取代。利用指令的模态特性,可以不必繁琐地编写相同指令,使程序简洁,从而节省系统内存,提高编程效率。

具有模态特性的指令有 G00、G01、G02、G03、G90、G92、T 指令、S 指令、F 指令等。

初态是指系统通电时进入加工程序的状态。一般系统初态为 G00、M05、M09。

不具有模态特性的指令只在本程序段起作用,每次使用都必须定义。不具有模态特性的指令有 G04、M00 等。

11. 多指令共段的执行顺序

一般情况下,同一个程序段有多个指令字共同存在。多指令共段后,执行的顺序如下:

① S、F 指令;

② T 指令;

③ M 指令中的 M03、M04、M08;

④ 延时指令 G04;

⑤ 其他 G 指令;

⑥ M 指令中的 M05、M09;

⑦ 其他 M 指令,如 M00、M30 等。

12. 进刀和退刀的方式

对于车削加工,采用快速进刀接近工件切削始点附近的某个点,再改用切削进给,可以减少空走刀的时间,提高加工效率。切削进给起始点的位置与工件的毛坯余量大小有关,以刀具快速走到该点时,刀尖不与工件发生碰撞为确定原则。车削完成后,一般采用快速退刀的方式离开工件,但应注意,刀具快速离开工件时,不能与工件发生碰撞。

▶▶ 拓展练习

- 数控编程的内容有哪些?
- 简述数控编程的一般步骤。
- 工件坐标系的选择原则有哪些?
- 什么是模态指令? 什么是非模态指令?

项目二　数控车床的基本操作

▶▶ 项目目标

❖ **知识目标**
- 了解数控车床的基本概念及数控车床的基本组成。
- 了解数控车床的加工范围及其特点。
- 掌握数控车床的安全操作规程及日常维护保养。

❖ **技能目标**
- 掌握数控车床的基本操作技术。
- 熟练掌握数控车床系统操作面板及各按键、按钮的名称及功能。
- 熟练掌握数控车床手动操作。

▶▶ 项目任务

数控车床的操作是数控加工技术的重要环节,数控车床的操作是通过系统控制面板和机床操作面板来完成的。这就要求操作者根据不同的系统面板完成该数控车床的基本操作,最终完成工件的加工。现以 FANUC 0i Mate 数控车床系统为例,要求掌握如下基本操作方法:车床开、关机,回零操作,手动进给运动操作,手摇进给运动操作,急停操作等,并掌握数控车床的安全操作规程。

▶▶ 相关知识

1. 数控车床概述

(1) 数控车床的定义

数控技术是指用数字化信号对机床运动及其加工过程进行控制的一种方法。采用数控技术的控制系统称为数控系统;装备了数控系统的受控设备称为数控设备;装备了数控系统的机床称为数控机床。

(2) 数控车床的工作原理

数控车床是用数字化信息来实现自动控制的,即将与加工零件有关的信息,如工件与刀具相对运动轨迹的参数(进给执行部分的进给尺寸)、切削加工工艺参数(主运动和进给运动的速度、背吃刀量等）及各种辅助操作（主运动变速、刀具更换、切削润滑液关停、工件夹紧松开）等用规定的文字、数字和符号组成代码，按一定的格式编写成加工程序，将加工程序通过控制介质输入数控装置中，由数控装置经过分析处理后，发出各种与加工程序相对应的信号和指令，控制车床进行自动加工。

2. 数控车床的基本组成结构

数控车床的外观如图 1-2-1 所示。数控机床由输入/输出装置、数控装置、可编程控制器（PLC）、伺服系统、检测反馈装置和机床主机等组成，如图 1-2-2 所示。

图 1-2-1

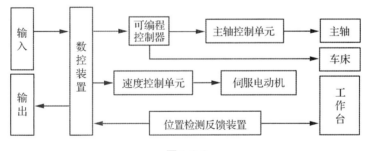

图 1-2-2

（1）输入/输出装置

输入装置可将不同的加工信息传递给计算机。初期数控机床输入装置为穿孔纸带，现已趋于淘汰；目前使用的是键盘、磁盘等，大大方便了信息输入工作。输出装置输出内部工作参数（含机床正常、理想工作状态下的原始参数，故障诊断参数等），一般情况下，机床刚工作状态下需输出这些参数作为记录保存，待工作一段时间后，再将输出的数据与原始资料做比较、对照，可帮助判断机床工作是否正常。

（2）数控装置

数控装置是数控机床的核心与主导，负责完成所有加工数据的处理、计算工作，最终实现对数控车床各功能的指挥。它包含微型计算机电路、各种接口电路、CRT 显示器等硬件及相应的软件。

（3）可编程控制器

可编程控制器对主轴单元实施控制,通过处理程序中的转速指令从而控制主轴转速;管理刀库,进行自动刀具交换、选刀方式、刀具累计使用次数、刀具剩余寿命及刀具刃磨次数等管理;控制主轴正反转和停止、准停、切削液开关、卡盘夹紧松开、机械手取送料等动作;还对车床外部开关(行程开关、压力开关、温控开关等)和输出信号(刀库、机械手、回转工作台等)进行控制。

（4）伺服系统

伺服系统是数控机床的执行机构,由驱动装置和执行部件两部分组成。它接收数控系统的指令信息,并按指令信息的要求控制执行部件的进给速度、方向和位移,以加工出符合图样需求的零件。因此,伺服精度和动态响应是影响数控机床的加工精度、表面质量和生产效率的重要因素之一。指令信息是以脉冲信息体现的,每一脉冲使机床移动部件产生的位移量叫作脉冲当量,常用机床的脉冲当量为 $0.01 \sim 0.1$ mm,新型高精度机床的脉冲当量可达到纳米级精度。

（5）检测反馈装置

检测反馈装置由检测元件和相应的电路组成,主要检测速度和位移,并将信息反馈给数控装置,实现闭环控制以保证数控车床的加工精度。

（6）车床主机

数控车床的主机包括床身、主轴、进给传动机构等机械部件。

3. 数控车床的主要功能

不同的数控车床其功能不尽相同,各有特点,但都应具备以下主要功能。

（1）直线插补功能

控制刀具沿直线进行切削,在数控车床中利用该功能可加工圆柱面、圆锥面和倒角。

（2）圆弧插补功能

控制刀具沿圆弧进行切削,在数控车床中利用该功能可加工圆弧面和曲面。

（3）固定循环功能

固定循环功能固化了车床常用的一些功能,如粗加工、车螺纹、切槽、钻孔等,使用该功能可简化程序。

（4）恒线速度车削功能

通过控制主轴转速,保持切削点处的切削速度恒定,可获得一致的加工表面。

（5）刀尖圆弧半径自动补偿功能

刀尖圆弧半径自动补偿功能可对刀具运动轨迹进行半径补偿,具备该功能的车床在编程时可不考虑刀具半径,直接按零件轮廓进行编程,从而使编程变得简单方便。

4. 数控车床的加工范围及其特点

（1）适合于复杂异形零件的加工

由于数控车床能实现多个坐标的联动，所以数控车床能完成复杂型面的加工（图1-2-3），特别是对于可用数学方程式和坐标点表示的开关复杂的零件，加工非常方便，因此数控车床在宇航、造船、模具等加工业中得到了广泛应用。

图 1-2-3

图 1-2-4

（2）加工精度高且稳定可靠

数控车床有较高的加工精度，一般为 $0.005 \sim 0.01$ mm。数控车床的加工精度不受复杂程度的影响，车床传动链的反向齿轮间隙和丝杠的螺距误差等都可以通过数控装置自动进行补偿，其定位精度比较高，同时还可以利用数控软件进行精度校正和补偿。

对于同一批零件，由于使用同一车床和刀具及同一加工程序，刀具的运动轨迹完全相同，且由于数控车床是根据数控程序自动进行加工的，可避免人为的误差，这就保证了零件加工的一致性好且质量稳定。图1-2-4所示为用数控车床加工的精密零件。

（3）高柔性

当改变加工零件时，数控车床只需更换零件加工的数控程序，不必用凸轮、靠模、样板或其他模具等专用工艺装备，但可采用成组技术的成套夹具。因此，其生产准备周期短，有利于机械产品的迅速更新换代，数控车床的适应性非常强。

（4）生产效率高

数控车床本身的精度高、刚性大，可选择有利的切削用量，有效地节省机动工时。数控车床还有自动换速、自动换刀和其他辅助操作自动化等功能，使辅助时间大为缩短，而且无需工序间的检验与测量，所以生产效率高，一般为普通车床的 $3 \sim 5$ 倍，对某些复杂零件的加工，生产效率可以提高十几倍甚至几十倍，可用于零件的批量生产，如图1-2-5所示。

图 1-2-5

（5）降低劳动强度

在输入程序并启动后，数控车床就可以自动地连续加工，直至零件加工完毕。这样就简化了人工的操作，使劳动强度大幅降低。

一般数控车床加工出第一个合格工件后，工作人员只需要装夹工件和启动机床，就可以加工出同样合格的工件。数控机床可靠性高，保护功能齐全，数控系统都有自诊和自停机功能，因此当一个工件的加工时间超出工件的装夹时间时，就能实现一人多机操作。

（6）有利于管理现代化

采用数控车床有利于向计算机控制与管理生产方面发展，为实现生产过程自动化创造了条件。

（7）投资费用高且维修困难

数控车床是一种高技术设备，车床价格较高，而且它是典型的机电一体化产品，技术含量高，对维修人员的技术要求很高。

5. 数控车床面板组成

下面以沈阳机床厂 FANUC 0i Mate-TC 数控车床系统为例，介绍数控车床的系统操作设备。它的操作面板由机床控制面板和数控系统操作面板两部分组成，如图 1-2-6 所示，主要包括 CRT/MDI（LCD/MDI）单元、MDI 键盘和功能键等。

图 1-2-6

(1) 数控系统操作面板

数控系统操作面板由显示屏和 MDI 键盘两部分组成,如图 1-2-7 所示。其中,显示屏主要用来显示相关坐标位置、程序、图形、参数、诊断、报警等信息;而 MDI 键盘包括数字/字母键、功能键等,可以进行程序、参数、机床指令的输入及系统功能的选择。

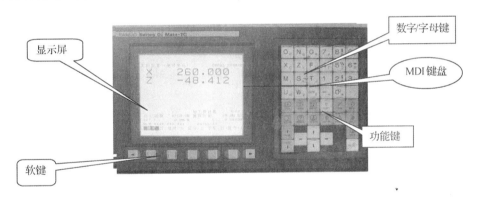

图 1-2-7

编辑面板上的按键通常分为功能键和软键两种。功能键用来选择将要显示的屏幕画面,按下功能键之后再按下与屏幕文字相对的软键,就可以选择至相关功能屏幕。

数控系统操作面板上各按键的名称和功能见表 1-2-1。

表 1-2-1 各按键的名称和功能

图标	名称	功能说明
	数字/字母键	数字/字母键用于输入数据,系统会自动根据功能设置判别取字母还是取数字
RESET	复位键	按此键可以使数控车床复位或者取消报警等
HELP	帮助键	当对 MDI 键的操作存在疑问时,按下此键可以获得帮助
	软键	根据不同的画面,软键有不同的功能。软键功能显示在屏幕的底端
SHIFT	切换键	切换键为上挡切换功能,按此键可以在数字和字母之间进行切换
INPUT	输入键	当按下一个字母键或者数字键时,再按此键,数据将被输入缓冲区,并且显示在屏幕上
CAN	取消键	用于删除最后一个进入输入缓存区的字符或符号
ALTER	替换键	用输入的数据替代光标所在处的数据
INSERT	插入键	把输入域中的数据插入当前光标之后的位置
DELETE	删除键	删除光标所在处的数据或者删除一个数控程序或全部数控程序
POS	位置显示键	按此键以显示位置,屏幕位置显示有三种方式,可用 PAGE 键选择
PROG	程序显示与编辑页面键	按此键可显示数控程序与编辑页面
OFS/SET	参数设置页面键	循环按此键,画面在坐标系设置页面、刀具补偿参数页面间切换。进入不同的页面以后,可用 PAGE 键切换
CSTM/GR	图形参数设置页面键	用来设定图形参数,进行图形模拟
MESSAGE	信息页面键	按此键可在屏幕上显示信息
SYSTEM	系统参数页面键	按此键可在屏幕上显示系统参数

续表

图标	名称	功能说明
	光标移动键	此键用于将光标向上、向下、向左或者向右移动
	翻页键	此键用于将屏幕显示的页面往前翻页或往后翻页
	换行键	结束一行程序的输入并且换行

（2）车床控制面板

车床控制面板上的各种功能键可用于执行简单的操作，直接控制车床的动作及加工过程，如图 1-2-8 所示。各按键的名称和功能见表 1-2-2。

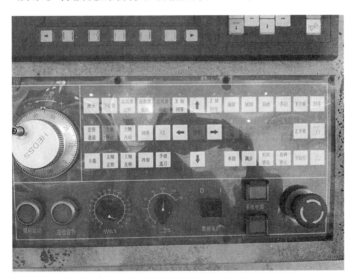

图 1-2-8

表 1-2-2　各按键的名称和功能

图标	名称	功能说明
	"单段"键	用于在自动加工时执行单个程序段指令（按一次循环启动键，执行一个程序段，直至程序运行完成）
	"空运行"键	此键用于程序输入完毕后校验程序和车床运动轨迹是否正确

图标	名称	功能说明
跳步	"跳步"键	如程序中使用了跳步符号"/",当按下此键后,程序运行到有该符号标定的程序段,即跳过该段程序,执行下一行程序段
机床锁住	"机床锁住"键	用来锁住机床的所有机械运动
回零	"回零"键	在此模式下,可进行机床的回零操作,建立机床坐标系(机床开机后应首先进行回参考点操作)
	"进给倍率修调"旋钮	调整此旋钮,可实现在自动加工或手动加工时的进给速度修调
自动	"自动"加工键	切换到自动模式:执行程序的自动加工,如自动连续加工工件、模拟加工工件、在 MDI 模式下运行指令
编辑	"编辑"键	切换到编辑模式:用于程序的建立、编辑、修改、插入及删除
MDI	手动数据输入、执行键	切换到手动数据输入模式:执行手动输入程序段和参数设定功能时使用
手动	"手动"操作键	切换到手动操作模式:对刀及调整机床拖板位置时使用。通过"手动"操作键,可手动换刀、手动移动机床各轴、手动控制主轴正反转
X手摇 Z手摇	"手摇"键	在手摇模式下,与 X、Z 轴的方向开关配合摇动手,可使机床在相应方向上快速移动
X轴回零 Z轴回零	方向控制键	在手动模式下,按快捷键及相应的 X 或 Z 方向键,可使机床在相应方向上快速移动
0 I 数据保护	"程序保护"锁	将操作面板上的保护钥匙或模式选择旋钮转至 OFF,可输入或修改程序;转至 ON,则锁定程序

续表

图标	名称	功能说明
	"急停"按钮	在自动加工或机床出现紧急故障时,按此键可切断机床所有正在执行的动作,同时保持现有状态并报警
	数控系统启动开、关按钮	给数控系统上电,启动数控系统
	"循环启动"按钮	在自动运行程序模式下,按下此按钮,自动运行当前程序
	"进给保持"按钮	在自动运行程序时,按下此按钮,将会暂停程序运行
	"主轴倍率修调"旋钮	旋转此旋钮,可改变主轴转速倍率,从而改变主轴的转速

6. 数控车床安全操作规程

① 学生必须在教师指导下进行数控车床操作,严禁多人同时操作。

② 学生必须在完全清楚操作步骤时进行操作,遇到问题立即向教师咨询,禁止在不知道规程的情况下尝试操作。操作中如果车床出现异常,必须立即向教师报告。

③ 手动进行原点回归时,注意车床各轴位置应远离原点(参考点)100mm 以上。

④ 使用手轮或手动方式移动各轴位置时,一定要看清机床 X、Z 各轴方向" + "" – "号标牌后再移动。移动时先慢转手轮,观察车床移动方向无误后方可快速移动。

⑤ 学生编完程序后将程序输入车床,必须在机床锁定和试运行的状态下进行图形模拟,仔细检查刀具走刀路径是否正确,如果有问题,应重新调试程序,直到正确为止。

⑥ 程序运行注意事项。

a. 对刀应准确无误,刀具补偿号应与程序调用号符合。

b. 检查机床各功能键的位置是否正确。

c. 将光标放在主程序头,刀具移动过程中随时注意程序内的数值与实际走刀是否相符,如不相符,立即按下"进给保持"按钮。

d. 打开单段,运行至循环点,检查循环点是否正确。若与实际不相符,则说明对刀错误,应该重新对刀;若该点正确,则关闭单段,顺序执行程序。

e. 加注适量冷却液。

f. 站立位置应合适,启动程序时,右手放在"进给保持"按钮上,程序在运行中不能离开此按钮,如有紧急情况应立即按下。

⑦ 加工过程中,认真观察切削及冷却液情况,确保机床、刀具的正常运行及工件的质量,并关闭防护门以免铁屑、润滑液飞溅出。

⑧ 在程序运行过程中须暂停测量工件时,须待机床完全停止,即主轴停转后方可进行测量,以免发生人身事故。

⑨ 开机顺序。

a. 接通电源开关。

b. 弹起急停按钮(如果事先已经按下)。

c. 接通系统启动开关。

⑩ 关机顺序。

a. 按下"急停"按钮。

b. 关闭系统启动开关。

c. 关闭电源开关。

⑪ 每班在操作结束后,必须清扫机床。

7. 数控车床的日常维护及保养

(1) 数控车床控制系统的保养与维护

正确的操作是保证数控车床正常使用的前提,同时必要的保养和维护也是减少数控车床故障率的重要保障。数控系统是数控车床的控制指挥中心,对其进行保养和维护可延长元器件的使用寿命,防止各种故障,特别是恶性事故的发生,进而延长整台数控车床的使用寿命。

不同数控车床的数控系统的使用与维护,在随机所带的说明书中一般都有明确的规定。总的来说,应注意以下几点:

① 制定严格的设备管理制度,定岗、定人、定机,严禁无证人员随便开机。

② 制定数控系统日常维护的规章制度。根据各部件的特点,确定各自的保养条例。

③ 严格执行机床说明书中的通断电顺序。一般来讲,通电时先强电后弱电,先外围设备(如纸带机、通信 PC 等)后数控系统。断电时,与通电顺序相反。

④ 应尽量少开数控柜和强电柜的门。因为机床加工车间空气中一般都含有油雾、飘浮的灰尘甚至金属粉末,一旦它们落在数控装置内的印制电路板或电子元器件上,容易引起元器件间绝缘电阻下降,并导致元器件及印制电路板损坏。为使数控系统能超负荷长期工作,采取打开数控装置柜门散热的降温方法更不可取,其最终结果是导致系统加速损坏。因此,除进行必要的调整和维修外,不允许随便开启柜门,更不允许敞开柜门加工。

⑤ 定时清理数控装置的散热通风系统。应每天检查数控装置上各个冷却风扇工作是否正常。视工作环境的状况,每半年或每季度检查一次风道过滤网是否有堵塞现象。

如过滤网上灰尘积聚过多,需及时清理,否则将会引起数控装置内部温度过高(一般不允许超过55℃～60℃),致使数控系统不能可靠地工作,甚至发生过热报警现象。

⑥ 定期维护数控系统的输入/输出装置。光电式纸带阅读机、软驱及通信接口等是数控装置与外部进行信息交换的一个重要途径。如有损坏,将导致读入信息出错。为此,纸带阅读机小门、软驱仓门应及时关闭;通信接口应有防护盖,以防止灰尘、切屑落入。

⑦ 经常监视数控装置用的电网电压。数控装置通常允许电网电压在额定值的±(10%～15%)范围内,频率在±2Hz内波动,如果超出此范围就会造成系统不能正常工作,甚至会引起数控系统内的电子元器件损坏。必要时可增加交流稳压器。

⑧ 定期更换存储器的电池。存储器一般采用 CMOS RAM 器件,设有可充电电池维持电路,防止断电期间数控系统丢失存储的信息。在正常进行供电时,由+5V 电源经一个管向 CMOS RAM 供电,同时对可充电电池进行充电。当电源停电时,则改由电池供电,以保持 CMOS RAM 中的信息。一般情况下,即使电池尚未失效,也应每年更换一次,以确保系统能正常工作。注意,更换电池时应在数控机床装置通电状态下进行,以避免系统数据丢失。

⑨ 数控系统长期不用时的维护。若数控系统长期闲置,要经常给系统通电,特别是在环境湿度较大的梅雨季节。在机床锁住不动的情况下,让系统空运行,一般每月通电2～3次,每次通电运行时间不少于1h,利用元器件本身的发热来驱散数控装置内的潮气,以保证元部件性能的稳定可靠及充电电池的电荷量。实践表明,在空气湿度较大的地区,经常通电是降低故障率的一个有效措施。

⑩ 备用印制电路板的维护。印制电路板长期不用是很容易出现故障的。因此,对于已购置的备用印制电路板应定期装到数控装置上通电运行一段时间,以防损坏。

(2) 数控车床的保养与维护

数控车床是一种综合应用自动控制、计算机技术、精密测量和先进机床结构等方面的最新成就的高精度机床。与普通机床相比,它简化了机械结构,增加了电气控制及数控部分,使机床能按给定的指令(程序)加工出符合设计要求的零件。数控车床工作效率的高低、各附件的故障率、使用寿命的长短等,很大程度上取决于用户的正确使用与维护。良好的工作环境、技术水平高的操作者和维护者,将大大延长无故障工作时间,提高生产效率,同时可减少机械部件的磨损,避免不必要的失误,提高机床无故障生产时间。

为了使数控车床保持良好状态,除了发生事故应及时修理外,坚持维护与保养是十分重要的。坚持定期保养,经常维护,可以把许多故障隐患消灭在发生之前,防止或减少事故的发生。不同型号的数控车床要求不完全一样,各种机床的具体维护要求在其说明书中都有明确规定。通用数控车床的维护要求见表1-2-3。

表 1-2-3　通用数控车床的维护要求

维护类型		具体要求
日常维护		1. 擦拭机床丝杠和导轨的外露部分,用轻质油洗去污物和切屑 2. 擦拭全部外露限位开关的周围区域,仔细擦拭各传感器的齿轮、齿条、连杆和检测头 3. 检查润滑油箱和液压油箱及油压、油温等 4. 使电气系统和液压系统至少升温 30min,检查各参数是否正常,气压是否正常,有无泄露 5. 空运转使各运动部件得到充分润滑,防止卡死 6. 检查刀架转位、定位情况
定期维护	每月维护	1. 清理控制柜内部 2. 检查、清洗或更换通风系统的空气滤清器 3. 检查按钮及指示灯是否正常 4. 检查全部电磁铁和限位开关是否正常 5. 检查并紧固全部电线接头及有无腐蚀破损 6. 全面检查安全防护设施是否完整牢固
	每两月维护	1. 检查并紧固液压管路接头 2. 查看电源电压是否正常,有无缺相和接地不良 3. 检查所有电动机,并按要求更换电刷 4. 检查液压马达是否有渗漏,并按要求更换油封 5. 开动液压系统,打开放气阀,排出油缸和管路中的空气 6. 检查联轴节、带轮和带是否松动和磨损 7. 清洗或更换滑块和导轨的防护毡垫
	每季维护	1. 清洗冷却液箱,更换冷却液 2. 清洗或更换液压系统的滤油器及伺服控制系统的滤油器 3. 清洗主轴箱、齿轮箱,重新注入新润滑油 4. 检查联锁装置、定时器和开关是否正常工作 5. 检查继电器接触压力是否合适,并根据需要清洗和调整触点 6. 检查齿轮箱和传动部件的工作间隙是否合适
	每半年维护	1. 对液压油进行化验,根据化验结果,对液压油箱进行清洗换油,疏通油路,清洗或更换滤油器 2. 检查机床工作台水平,检查紧固螺钉及调整垫铁是否锁紧,并按要求调整水平 3. 检查镶条、滑块的调整机构,调整间隙 4. 检查并调整全部传动丝杠负荷,清洗滚动丝杠并重新涂油 5. 拆卸、清扫电动机,加注润滑油脂,检查电动机轴承,并予以更换 6. 检查、清洗并重新装好机械式联轴节 7. 检查、清洗和调整平衡系统,并更换钢缆或钢丝绳 8. 清扫电气柜、数控柜及电路板,更换存储器的电池

▶▶ **项目实施**

1. 参观数控车床

参观数控车床的工作现场,如图1-2-9所示。

注意:第一次近距离接触数控车床的人员,会有很强的好奇心,但此时此刻千万不要忘记安全问题。观察数控车床加工时,一定要防止被切屑伤害。要学会适应不同的工作环境,首先要保护好自己的眼睛。

图1-2-9

注意:

(1)参观过程中,严格服从教师的管理,禁止擅自操作车床。

(2)从课堂到车间,第一次亲身接触数控车床,要抓住学习机会,培养学习兴趣。

(3)从一开始就树立安全意识、质量意识、节约意识,从而养成良好的习惯,为以后适应不同工作打下坚实的基础。

2. 数控车床的手动操作

与普通车床类似,对数控车床进行操作也应养成安全文明操作的良好习惯。首先应检查车床的外部情况,冷却系统、润滑系统,检查卡盘上所装夹的工件是否牢靠。

（1）车床开关机练习

① 打开总电源（车床床身左侧）。

② 打开车床控制器电源。

③ 松开车床急停按钮。

④ 车床系统启动结束，页面显示实际坐标时（图1-2-10），再启动液压系统。

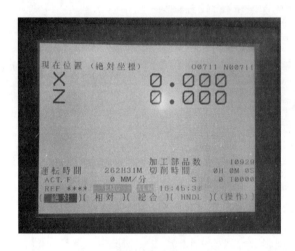

图1-2-10

⑤ 在结束车床操作时，关机顺序与开机顺序相反，即先系统后车床。

（2）车床回零练习

开机后的首要工作是车床回零操作。

在接通车床和数控电源后，在确认无任何报警信息的前提下，应首先进行返回参考点的工作，以便建立车床坐标系。

① 在手动 状态下，机械坐标系 X 轴、Z 轴 向负方向移动 -100mm 左右。

② 在回零 状态下，沿 X 轴、Z 轴 正方向移动，直至 X轴回零、Z轴回零 按钮灯点亮。

> **注意：** 在回零操作时必须先回 X 轴，再回 Z 轴，在向负方向移动时必须先沿 Z 轴方向移动，再沿 X 轴方向移动，否则刀架可能与尾座发生碰撞。

（3）**手动进给运动操作练习**

在手动状态下,按下"手动"方式键 ,进入手动操作方式。按下操作面板上的

方向按钮 中的 键,车床沿 X 轴正方向移动;单击 ,车床沿 X 轴负方向

移动;单击 ,车床沿 Z 轴负方向移动;单击 ,车床沿 Z 轴正方向移动。可以根

据加工零件的需要,单击适当的按钮,移动刀架。移动速度由速度进给倍率开关

调节。

按下"快移"键 与轴向运动键 、、、,当它们组合使用

时可快速移动,移动速度由快速移动倍率键 、、 控制,分别选择速

度倍率为"F0""25%""50%""100%"。

（4）**手摇进给运动操作练习**

单击"X 手摇"按钮 ,进入手摇方式,然后根据需要通过按钮 、、

、 选择手轮旋转时的每格移动量,"X1"代表每格移动量为 0.001mm,"X10"代

表每格移动量为 0.01mm,"X100"代表每格移动量为 0.1mm,"X1000"代表每格移动量为

1mm。逆时针旋转手轮,刀具向 X 轴负方向移动;顺时针旋转手轮,刀具向 X 轴正方向移

动。如果选择 ,旋转手轮,控制 Z 轴方向的移动。

（5）**急停操作**

在数控车床操作过程中,如果出现紧急情况,应立即按下"急停"按钮 ,使车床

的全部动作停止,该按钮自锁,同时显示屏上显示"EMG"字样。排除故障后,按照旋钮的

指示箭头旋转,释放"急停"按钮的自锁,按钮弹起。

（6）**手动辅助功能操作**

① 手动选刀。

:手动/手轮/单步方式下,按下此键,刀架旋转换下一把刀。

② 冷却液开关。

：手动/手轮/单步方式下，按下此键，进行"开→关→开……"的切换。

③ 主轴控制按钮。

a. 主轴正转。

：在手动/手轮/单步方式下，按下此键，主轴正向转动启动。

b. 主轴反转。

：在手动/手轮/单步方式下，按下此键，主轴反向转动启动。

c. 主轴停止。

：在手动/手轮/单步方式下，按下此键，主轴停止转动。

d. 主轴倍率开关 ：旋转此旋钮，可改变主轴转速倍率，从而改变主轴的转速。

▶▶ **项目总结**

本项目通过数控车床的基本概念、基本组成、加工范围以及手动操作的学习，了解数控车床面板上各功能按钮的含义与用途，掌握数控车床的基本操作以及日常维护与保养的基础知识。

项目三　数控加工仿真系统的基本操作

▶▶ **项目目标**

❖ **知识目标**
- 了解数控加工仿真系统软件基础知识。
- 了解 FANUC 0i 系统沈阳机床厂数控车床仿真系统操作面板上各功能按钮的含义与用途。

❖ **技能目标**
- 掌握 FANUC 0i 系统沈阳机床厂数控车床仿真系统操作面板及各按钮的名称及

功能。

- 掌握程序编制和图形模拟操作步骤。
- 熟练掌握外圆刀的对刀步骤。
- 掌握数控仿真软件仿真加工的基本操作步骤。

▶▶ **项目任务**

采用毛坯尺寸为 $\phi 40 \times 150mm$ 的棒料,试用上海宇龙仿真软件仿真加工如图 1-3-1 所示的工件。

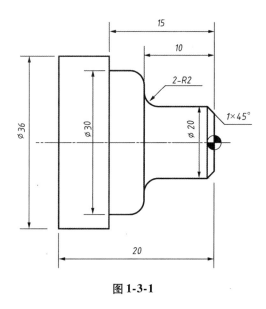

图 1-3-1

程序如下:

```
O0001;
N1;
M04 S800;
T0101;
G00 X45.0 Z5.0;
G71 U1.0 R0.5;
G71 P10 Q20 U0.3 W0.0 F0.3;
N10 G01 X18.0;
        Z0.0;
        X20.0 Z -1.0;
        Z -8.0;
    G02 X24.0 Z -10.0 R2.0;
```

```
    G01 X26.0;
    G03 X30.0 Z-12.0 R2.0;
    G01 Z-15.0;
        X36.0;
        Z-30.0;
N20 G01 X45.0;
G28 U0 W0;
M05;
M00;
N2;
M03 S800;
T0101;
G00 X45.0 Z5.0;
G70 P10 Q20 F0.2;
G28 U0 W0;
M05;
M30;
```

▶▶ **相关知识**

当前,国内数控仿真软件较多,由上海宇龙软件公司研制开发的"数控仿真系统V3.8版"的数控仿真软件含有多种数控系统的数控车、数控铣和加工中心,可以实现对零件铣削加工和车削加工的全过程仿真,其中包括毛坯定义,夹具、刀具定义与选用,工件坐标系的设置,数控程序输入、编辑和调试,加工仿真及各种错误检测功能等。本节以 FANUC 0i Mate 数控车床系统为例,介绍数控仿真软件的功能和应用。

1. 主菜单栏

主菜单栏是一个下拉式菜单,如图 1-3-2 所示,用户可以根据需要选择其中的某一个菜单项。部分菜单的名称和功能见表 1-3-1。

图 1-3-2

表1-3-1　部分菜单的名称和功能

菜单项	名称	功能说明
文件(F) 视图(V) 机床(M) 零件(P) 新建项目(N) Ctrl+N 打开项目(O)... Ctrl+O 保存项目(S) Ctrl+S 另存项目(A)... 导入零件模型...(I) 导出零件模型...(E) 开始记录(R) 结束记录(F) 演示...(S) 退出(X)	新建项目	新建的项目会将这次操作所选用的毛坯、刀具、数控程序等记载下来,以后想加工同样的零件时,只要打开这个项目文件就可以进行加工,而不必重新进行设置
	打开项目	若打开的是一个已经完成加工工序的项目,则在主窗口中,毛坯已经安装并装夹完毕,工件坐标原点已设好,数控程序已被导入,这时只需打开机械面板,按下开关键即可以进行加工;若打开的是一个未完的项目,则这时的主窗口内将显示上一次保存项目时的样子
	保存项目	将当前工作状态保存为一个文件,供以后继续使用
	另存项目	将当前工作状态另存为一个文件,供以后继续使用
	导入零件模型	在存放零件模型的文件夹中找寻文件(即用户存放的文件,此代码文件路径是个人确定的),文件的后缀名为".prt",请不要更改后缀名
	导出零件模型	将当前工作状态下的加工零件保存到一个指定的文件内,文件的后缀名为".prt",请不要更改后缀名
	开始记录	可以进行即时操作录像,以便用于实际教学演示
	演示	将录制好的操作过程进行回放
	退出	结束数控加工仿真系统程序
视图(V) 机床(M) 零件(P) 复位 动态平移 动态旋转 动态放缩 局部放大 绕X轴旋转 绕Y轴旋转 绕Z轴旋转 前视图 俯视图 左侧视图 右侧视图 ✓ 控制面板切换 手脉 触摸屏工具 选项...	复位	复位就是将机床图像设成初始大小和位置。不管当前机床图像放大或缩小了多少、方向位置如何调整,只要使用"复位"选项,都可使机床的大小、方向恢复到初始大小,也就是刚进入系统时的样子
	动态平移	将机床图像进行任意位置的水平移动
	动态旋转	将机床图像进行空间任意方位的旋转
	动态放缩	将机床图像进行任意大小的缩放
	局部放大	将机床图像上任意部位放大,以便于清晰显示该形状
	绕 X、Y、Z 轴旋转	将机床图像分别围绕 X、Y、Z 轴进行任意的旋转
	前视图	可快速地使机床的正面正对主窗口
	俯视图	可快速地使机床的上面正对主窗口(仿真加工时,应用得最多)
	左侧视图	可快速地将机床的左侧面正对主窗口
	右侧视图	可快速地将机床的右侧面正对主窗口
	控制面板切换	将显示屏上机床的控制面板进行功能的转换

续表

菜单项	名称	功能说明
	触摸屏工具	将显示屏上机床的控制面板的操作转换成触摸式
	选项	包括加工声音的开关,机床和零件显示的方式,仿真加工倍率,显示报警信息等
	选择机床	根据不同要求和实际机床的系统、型号,选择合适的仿真机床的机型、系统及操作面板
	选择刀具	根据需要选择正确的刀具以满足加工的需要
	拆除工具	拆除辅助工具
	DNC 传送	实现在线传输功能,将已经编号的程序传输到数控装置中
	检查 NC 程序	进行 NC 程序的检查
	移动尾座	通过该功能实现未加工工件的伸缩和移动
	定义毛坯	根据零件图纸的要求设定零件毛坯的外形
	放置零件	安装、放置已经设定好的零件毛坯
	移动零件	根据需要移动零件以满足加工的需要
	拆除零件	将机床上已安装的零件拆除
	剖面图测量	对已加工的零件进行尺寸的测量
	工艺参数	显示当前状态下机床、刀具、切削用量选择的内容
	自由练习	
	结束自由练习	
	观察学生当前操作	教师机专用
	结束观察当前操作	
	打开对话窗口	
	读取操作记录	可以将前边录制好的操作过程读取出来或者将某一位学生的操作过程调出来进行回放,以便对学生即时进行检测

续表

菜单项	名称	功能说明
	查询	对学生仿真操作成绩进行查询(仅限于教师使用)
	评分标准	教师机专用
	提交	考试时使用
	鼠标同步	将学生机与教师机的鼠标同步,使教师机的操作过程同步显示到每台学生机上,便于教学演示
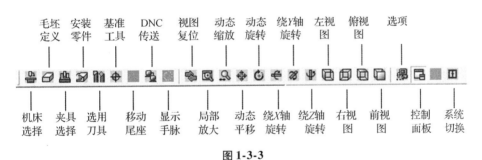	机床管理	教师机专用
	用户管理	
	批量用户管理	
	铣刀具库管理	
	车刀库管理	
	系统设置	各种系统的设定、功能的选择等

2. 工具栏

工具栏位于菜单栏的下方,主要用于调整数控机床的显示方式等,如图1-3-3所示。

图 1-3-3

3. 报警信息栏

报警信息栏用于显示操作过程中的警告、通知信息等,如图1-3-4所示。

图 1-3-4

4. 数控机床显示区

数控机床显示区是一台模拟的机床,它可以显示操作者在装夹工件、刀具选择、对刀过程、零件加工等方面的操作,如图 1-3-5 所示。

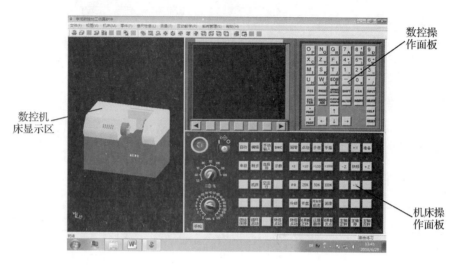

图 1-3-5

5. 数控操作面板

FANUC 0i 系统沈阳机床厂数控车床的操作面板由数控系统操作面板和机床操作面板两部分组成,主要包括 CRT/MDT 单元、MDI 键盘和功能键等,如图 1-3-5 所示。

(1) 数控系统操作面板

数控系统操作面板如图 1-3-6 所示,各按键的名称和功能见表 1-3-2。

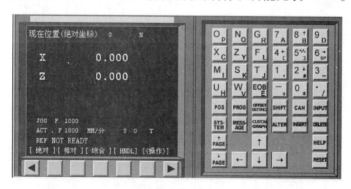

图 1-3-6

表 1-3-2 各按键的名称和功能

图标	名称	功能说明
ALTER	替代键	用输入的数据替代光标所在的数据
DELETE	删除键	删除光标所在处的数据,或者删除一个数控程序或者删除全部数控程序
INSERT	插入键	把输入区域之中的数据插入当前光标之后的位置
CAN	修改键	消除输入区域内的数据
EOB E	换行键	结束一行程序的输入并且换行
SHIFT	上挡键	按住此键,再按双字符键,则系统输入按键右下角的字符
PROG	程序键	数控程序显示与编辑页面
POS	位置显示键	位置显示页面。位置显示有三种方式,用翻页键按钮选择
OFFSET SETTING	参数输入页面键	按第一次进入坐标系设置页面,按第二次进入刀具补偿参数页面。进入不同的页面以后,用翻页键按钮切换
HELP	帮助键	显示系统帮助页面
CUSTOM GRAPH	图像显示键	图形参数设置页面或图形模拟页面
MESS-AGE	信息页面键	按此键可显示信息屏幕,如"报警"信息等
SYS-TEM	系统参数页面	按此键可显示系统参数屏幕
RESET	复位键	在自动方式下,按此键中止当前的加工程序
↑PAGE ↓PAGE	翻面键	向上翻页、向下翻页

续表

图标	名称	功能说明
	光标移动键	可以向上、向下、向左、向右移动光标
	输入键	把输入区域内的数据输入参数页面或者输入一个外部的数控程序
	输入数字/字母键	系统自动判别取字母还是取数字。与上挡键配合,可输入右下角的对应字符

（2）机床控制面板

机床控制面板如图 1-3-7 所示,各按键的名称和功能见表 1-3-3。

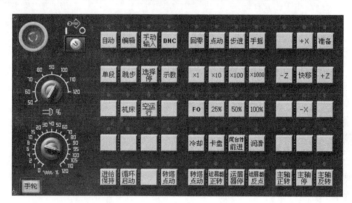

图 1-3-7

表 1-3-3　各按键的名称和功能

	"自动"键	按此键进入自动加工模式
	"编辑"键	用于程序的建立、编辑、修改、插入及删除
	"手动输入"数据键	执行手动输入程序段和参数设定功能时使用
	通信方式 DNC 位置键	用 RS232 电缆线连接 PC 和数控机床,进行数控程序文件的传输

续表

 回零	"回零"键	手动方式回参考点
 点动	"点动"键	手动连续移动刀架
 步进	增量选择	增量选择,步进增量有四种
 手摇	"手摇"键	手轮方式移动工作台面或刀具
 主轴正转 主轴停 主轴反转	主轴正转/反转/停止键	用于在手动方式下,使主轴正转、主轴反转和主轴停止
 循环启动	程序启动键	在自动方式下,程序启动、停止
	紧急停止旋钮	当出现紧急情况时,按下此按钮,机床主轴和各轴进给立即停止运行。待排除故障后,按照旋钮指示方向旋出旋钮,可以退出急停状态,退出后,机床必须重回参考点
	主轴速度调节旋钮	调整旋钮位置,可以调整主轴转速
	进给速度调节旋钮	调整旋钮位置,可以调整刀架进给速度

▶▶ 项目实施

1. 启动数控加工仿真系统

单击桌面上的图标 数控加工仿真系统 ,进入数控加工仿真系统,或单击"开始"按钮,在弹出的"开始"菜单中依次选择"程序"→"宇龙数控加工仿真软件 V5.0"→"加密锁管理程序"选项,如图 1-3-8 所示。

图 1-3-8

加密锁程序启动后,屏幕右下方工具栏中出现 的图标,表示加密锁管理程序启动成功。此时重复上面的步骤,最后选择"数控加工仿真系统"选项,系统弹出"用户登录"界面,如图 1-3-9 所示。直接单击"快速登录"按钮,进入数控加工仿真系统。

图 1-3-9

2. 选择机床和数控系统

在主菜单栏中选择"机床"→"选择机床"选项(图 1-3-10),在弹出的"选择机床"对话框中选择控制系统类型和相应的机床,此时界面如图 1-3-11 所示,选择完毕后单击"确定"按钮,进入数控加工仿真系统界面,如图 1-3-12 所示。

图 1-3-10

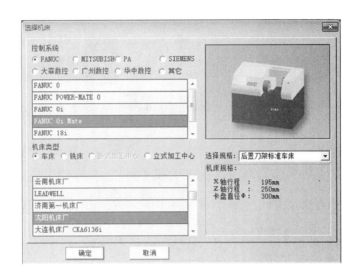

图 1-3-11

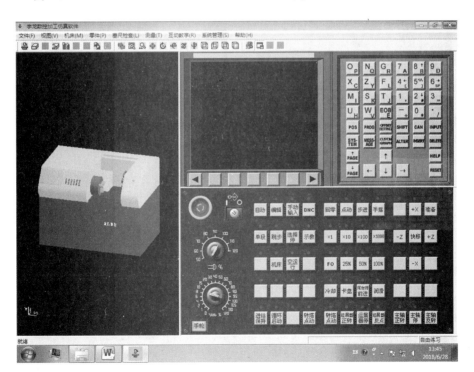

图 1-3-12

3. 数控加工仿真系统基本操作

(1) 启动机床

① 单击操作面板上的"电源开"按钮，指示灯变亮。

② 检查"急停"按钮是否松开至状态，若未松开，单击"急停"按钮，将其松开。

(2) 车床回零

检查操作面板，查看是否在"回零"回零模式下，若指示灯亮，则已进入"回零"模式；否则单击回零按钮，使系统转入"回零"模式。

在"回零"模式下，先沿 X 轴回原点，再沿 Z 轴回原点，分别单击中的 $+X$、
$+Z$，随即指示灯变亮，CRT 上的 X 坐标变为"390.000"，Z 坐标变为"300.000"，此时 CRT 界面如图 1-3-13 所示。

图 1-3-13

(3) 安装工件

① 定义毛坯。

在主菜单栏中选择"零件"→"定义毛坯"选项(图 1-3-14)，在弹出的"定义毛坯"对话框中(图 1-3-15)根据需要更改零件的任意尺寸和材料，选择完毕后单击"确定"按钮。

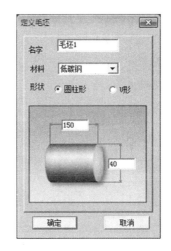

图 1-3-14　　　　　　　　　　　图 1-3-15

② 选择毛坯。

在主菜单栏中选择"零件"→"放置零件"选项,在弹出的"选择零件"对话框(图 1-3-16)中选择名称为"毛坯 1"的零件,选择完毕后单击"安装零件"按钮。界面上的仿真机床上会显示出安装的零件,同时弹出控制零件左右移动的操作框(图 1-3-17),通过该操作框可对已安装的零件进行伸缩移动来达到加工的需要,调整结束后单击"退出"按钮关闭该操作框,此时零件安装结束。

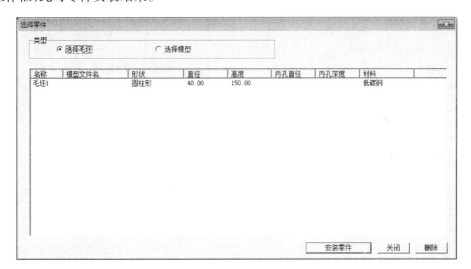

图 1-3-16

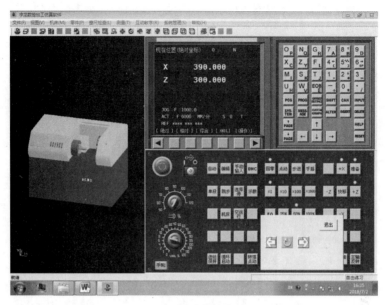

图 1-3-17

③ 零件显示模式。

a. 当零件有内部结构时,为了能更好地观察和加工,可通过更改零件显示模式来表达清楚零件的内部结构,在当前状态下右击,在弹出的快捷菜单中选择"选项"命令(图 1-3-18),弹出"视图选项"对话框。

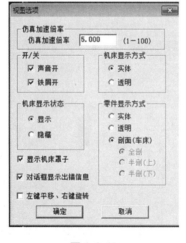
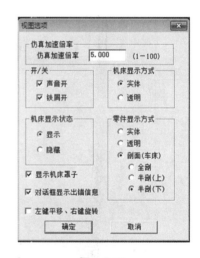

图 1-3-18   图 1-3-19   图 1-3-20

b. 在"视图选项"对话框中根据要显示的部位进行相应的调整,在"零件显示方式"区域点选"剖面(车床)"单选按钮(图 1-3-19),再点选"半剖(下)"单选按钮(图 1-3-20),然后单击"确定"按钮即可,此时主显示界面上的零件显示为半剖模式,如图 1-3-21 所示。

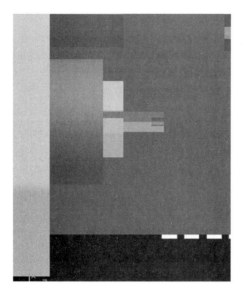

图 1-3-21

（4）安装刀具

在主菜单栏中选择"机床"→"选择刀具"选项（图 1-3-22），弹出"刀具选择"对话框（图 1-3-23），或单击工具栏中的  按钮，也可弹出"刀具选择"对话框。

图 1-3-22

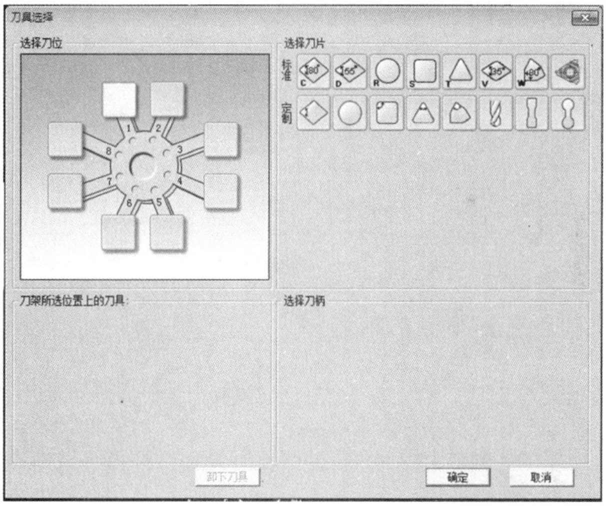

图 1-3-23

安装 T01 号外圆车刀，步骤如下：

① 在"刀具选择"对话框中的"选择刀位"区域中选择 1 号刀位。

② 根据零件加工工艺要求，在"选择刀片"区域中选择刀尖角为 35°的刀片，同时对话框中显示刀片的具体参数，选择序号为"4"的刀片，如图 1-3-24 所示。

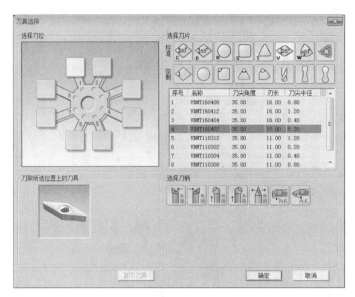

图 1-3-24

③ 在"选择刀位"区域中选择 外圆 选项,对话框中显示出具体参数,选择主偏角为

93°的刀柄,对话框左下角显示出选择好的刀具效果图,如图 1-3-25 所示。

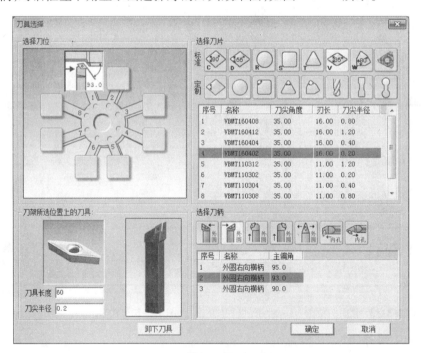

图 1-3-25

④ 选择完成后,单击"确定"按钮,完成 T01 号刀的设置。

（5）程序编辑

程序编辑是在数控机床操作中经常用到的,以加工程序为对象的有关操作。主要包括程序的录入,程序的检索、修改、删除、插入等编辑方式及程序的输入/输出（通信方式）等操作。

在编辑模式下,将程序保护键钥匙转到 OFF 位置,即可进行程序的输入及编辑。若机床带有通信接口,也可从外部设备输入,并能直接执行外部程序。

① 显示程序存储器的内容。

a. 按 **编辑** 键,选择编辑工作方式。

b. 按 **PROG** 键,显示程序画面。

c. 按"LIB"软键,屏幕显示如图 1-3-26 所示的内容。

其中,已登录程序数量为 2,剩余存储数量为 46,已用磁盘空间为 4094,已存储程序号为 01、02。

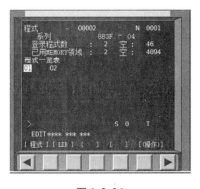

图 1-3-26

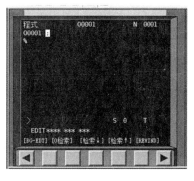

图 1-3-27

② 建立新程序。

a. 按 **编辑** 键,选择编辑工作方式。

b. 按 **PROG** 键,显示程序画面。

c. 在数控系统操作面板上输入 O0001,按 **INSERT** 键确认,建立一个新的程序号,再按 **EOB** 键换行,屏幕显示如图 1-3-27 所示的内容,即可输入程序的内容。

d. 每输入一个程序句后按 **EOB** 键,表示语句结束,然后按 **INSERT** 键,将该程序段插入程序中。输入结束,屏幕显示如图 1-3-28 所示的内容。

图 1-3-28

图 1-3-29

③ 编辑程序。

a. 检索程序。

◇ 按 [编辑] 键,选择编辑工作方式。

◇ 按 [PROG] 键,显示程序画面。

◇ 输入要检索的程序号(如 O0002),如图 1-3-29 所示。

◇ 最后按 [↓] 键即可。

b. 检索程序中的字。

◇ 按 [RESET] 键,光标回到程序号所在位置,如 O0001。

◇ 输入要检索的程序段号,如 Z0。

◇ 按 [↓] 键,光标即移至所检索的程序段 Z0 所在的位置,如图 1-3-30 所示。

图 1-3-30

图 1-3-31

c. 修改字。

例如,将 X23.85 改为 X24.0。

◇ 将光标移至要修改的字 X23.85 位置（可用检索方法），如图 1-3-31 所示。

◇ 输入要修改成的字 X24.0。

◇ 按 **ALTER** 键，X23.85 将被替换为 X24.0，如图 1-3-32 所示。

图 1-3-32　　　　　　　　　　　图 1-3-33

d. 删除字。

例如，删除"G00 X55.0 Z5.0；"中的 Z5.0。

◇ 将光标移至要删除的字 Z5.0 位置，如图 1-3-33 所示。

◇ 按 **DELETE** 键，Z5.0 被删除，光标自动向后移，如图 1-3-34 所示。

 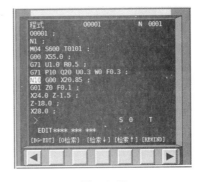

图 1-3-34　　　　　　　　　　　图 1-3-35

e. 删除程序段。

例如，删除程序段"N10 G00 X20.85"。

◇ 将光标移至要删除的程序字"N10"处，如图 1-3-35 所示。

◇ 按 **DELETE** 键，即可删除整个程序段，如图 1-3-36 所示。

图 1-3-36

图 1-3-37

f. 插入字。

例如,在程序段"G00 X55.0;"中插入 Z10.0,将其改为"G00 X55.0 Z5.0;"。

◇ 将光标移至要插入字的前一个字的位置"X55.0"处,如图 1-3-37 所示。

◇ 输入要插入的字 Z5.0。

◇ 按 **INSERT** 键,插入完成,程序段变为"G00 X55.0 Z5.0;",如图 1-3-38 所示。

g. 删除程序。

例如,删除程序号为 O0001 的程序。

◇ 将模式选择开关定为编辑状态。

◇ 按 **PROG** 键,显示程序画面。

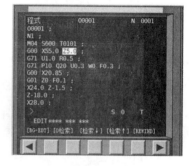

◇ 输入要删除的程序号 O0001。

◇ 确认要删除的程序号。

◇ 按 **DELETE** 键,即可删除程序号为 O0001 的程序。

图 1-3-38

(6) 图形模拟

① 按操作面板上的 **自动** 键,将工作方式切换到自动加工状态下。

② 按编辑面板 MDI 键盘上的 **CUSTOM GRAPH** 键,进入图形模拟页面,单击操作面板上的"循

环启动"按钮 **循环 启动**,即可观察加工程序的运行轨迹,观察轨迹时正常看前视图 ,如

图 1-3-39 所示。

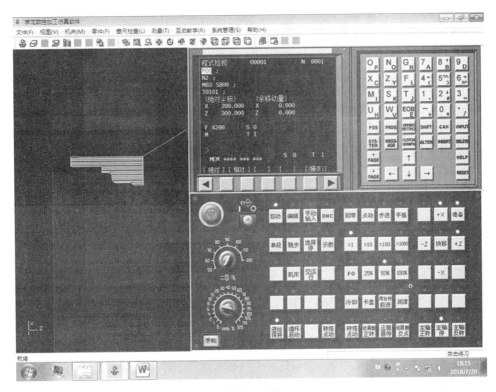

图 1-3-39

（7）对刀操作

编制数控程序一般按工件坐标系编程，对刀的过程就是建立工件坐标系与机床坐标系之间关系的过程。

下面具体说明车床对刀的方法，将工件右端面中心点设为工件坐标系原点。

在对刀、加工过程中，为了方便数控车床在 X、Z 方向运动，正常观察机床的俯视图，单击主菜单中的俯视图 按钮。

① 切削外径。

在操作面板中按 键，进入手动操作方式状态，按 键，使主轴正转。按

 键，移动坐标轴，将刀具移动到工件附近。在操作面板中按 手摇 键，再按

手轮 键，显示 手摇控制面板，鼠标光标对准"轴选择"旋钮，单击左键或右键，选择坐标轴。鼠标光标对准手轮，单击左键或右键，精确控制机床的移动。在"手摇"

模式下,当控制面板上 灯亮时每一小格移动的距离为0.001mm,当 灯亮时每一小格移动的距离为0.01mm,当 灯亮时每一小格移动的距离为0.1 mm,当 灯亮时每一小格移动的距离为1mm。先在工件外圆试切一刀,如图1-3-40所示,沿"+Z"方向退刀。按 键,主轴停转。

图1-3-40

注意:刀具切削零件时,主轴需转动。加工过程中刀具与零件发生非正常碰撞(如车刀的刀柄与零件发生碰撞)后,系统弹出警告对话框,同时主轴自动停止转动,继续加工时需使刀具离开工件,主轴重新转动。

② 测量切削位置的直径。

在主菜单栏中选择"测量"选项,弹出提示框,提示"是否保留半径小于1的圆弧?"(图1-3-41),单击"否"按钮,弹出"测量"对话框。单击外圆加工部位,选中部位变色并显示出实际尺寸,同时对话框下侧相应尺寸参数变为蓝色亮条显示,如图1-3-42所示。

图1-3-41

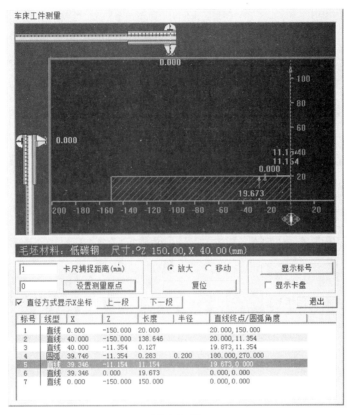

车床工件测量

毛坯材料：低碳钢　尺寸：°Z 150.00, X 40.00(mm)

标号	线型	X	Z	长度	半径	直线终点/圆弧角度
1	直线	0.000	-150.000	20.000		20.000,150.000
2	直线	40.000	-150.000	138.646		20.000,11.354
3	直线	40.000	-11.354	0.127		19.873,11.354
4	圆弧	39.746	-11.354	0.283	0.200	180.000,270.000
5	直线	39.346	-11.154	11.154		19.673,0.000
6	直线	39.346	0.000	19.673		0.000,0.000
7	直线	0.000	-150.000	150.000		0.000,0.000

图 1-3-42

③ 按编辑面板 MDI 键盘上的 键，进入"工具补正"页面，按显示屏内下端"形状"键，进入刀补界面，如图 1-3-43 所示。按 键，使光标移动到番号为 01 的位置，在控制面板上输入"X39.346"，单击"测量"软键，输入 X 轴坐标，系统自动换算出 X 轴相应坐标值。

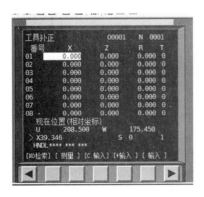

图 1-3-43

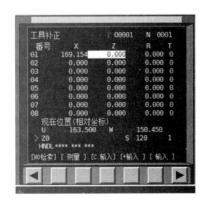

图 1-3-44

④ 车削端面。

按 键,使主轴正转。按 键,移动坐标轴,将刀具移动到工件附近。在"手摇"模式下车削端面,沿"+X"方向退刀。单击操作面板上的 键,使主轴停止转动。

⑤ 按编辑面板 MDI 键盘上的 键,进入"工具补正"页面,按显示屏内下端"形状"键,进入刀补界面,如图 1-3-44 所示。按 键,使光标移动到番号为 01 的位置,在控制面板上输入"Z0",单击"测量"软键,输入 Z 轴坐标,系统自动换算出 Z 轴相应坐标值。

(8) 自动加工

① 按机床操作面板上的 键,将工作方式切换到自动加工状态。

② 按数控系统操作面板上的 键,切换到程序界面,单击操作面板上的"循环启动"按钮 ,即可进行自动加工,加工完成后的效果图如图 1-3-45 所示。

图 1-3-45

▶▶ 项目总结

本项目通过对数控加工仿真系统软件基础知识及 FANUC 0i 系统沈阳机床厂数控车床仿真系统操作面板上各功能按钮的含义与用途的学习,了解对工件进行仿真加工的方法,掌握数控仿真软件仿真加工的基本操作步骤。

▶▶ 拓展练习

采用毛坯尺寸为 ϕ40×150mm 的棒料,试用上海宇龙仿真软件仿真加工如图 1-3-46 所示的工件。

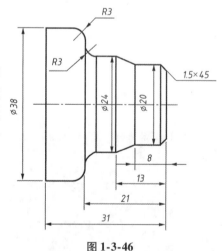

图 1-3-46

参考程序如下：

```
O0002；
M04 S600 T0101；
G00 X45.0 Z5.0；
G71 U1.0 R0.5；
G71 P10 Q20 U0.3 W0 F0.3；
N10 G00 X17.0；
    G01 Z0 F0.1；
        X20.0 Z－1.5；
        Z－8.0；
        X24.0 Z－13.0；
        Z－18.0；
    G02 X30.0 Z－21.0 R3.0；
        X32.0；
    G03 X38.0 Z－24.0 R3.0；
    G01 Z－31.0；
N20     X45.0；
G28 U0 W0；
M05；
M00；
M04 S800 T0101；
G00 X45.0 Z5.0；
G70 P10 Q20；
G28 U0 W0；
M05；
M30；
```

第二篇 数控车削编程与加工实战

项目一 阶梯轴的车削加工

▶▶ **项目目标**

- 掌握常用 M 功能指令的功能。
- 掌握 G00、G01 等基本指令的功能、编程格式及特点。
- 掌握简单外轮廓程序的编制方法。
- 能熟练地分析零件,制定零件的加工工艺,确定加工方法及步骤。

▶▶ **项目任务**

图 2-1-1 为一个简单的阶梯轴,工件材料选用 45#钢,已经进行了粗加工,工件还没有切断,留有 0.5mm 的精加工余量,要求对零件进行精加工。

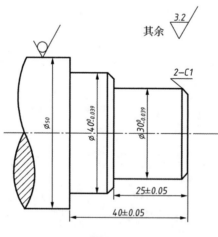

图 2-1-1

▶▶ 相关知识

1. 辅助功能指令字

M00：程序暂停。

M03：主轴正转。

M04：主轴反转。

M05：主轴停转。

M08：切削液开。

M09：切削液关。

M30：程序结束。

2. 准备功能指令字

（1）G00：快速点定位指令

刀具从当前位置快速移动到某一点，主要用于切削加工前刀具快速移动到靠近工件处，切削加工后刀具快速离开工件。该指令只是快速到位，其运动轨迹因具体的控制系统不同而异，进给速度对 G00 指令无效。

编程格式：

```
G00 X __ Z __;
```

其中，X __、Z __ 为目的点坐标。例如：

```
G00 X42 Z2;
```

刀具从当前位置快速移动到 X42、Z2 的位置。

（2）G01：直线插补指令

刀具从当前位置开始以给定的进给速度沿直线移动到规定的位置，可使刀具沿 X 轴、Z 轴单轴运动，也可以沿 XOZ 平面内任意斜率的直线运动。其中进给速度由程序中的 F __ 指定。

编程格式：

```
G01 X __ Z __ F __;
```

其中，X __、Z __ 为直线终点坐标，F __ 为进给速度。例如：

```
G01 X30 Z-30 F100;
```

如图 2-1-2 所示，如果刀具当前位置是点 $A(20, -10)$，则刀具会从 X20、Z-10 的位置开始以每分钟 100mm 的进给速度沿直线移动到点 $B(30, -30)$ 的位置。

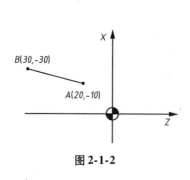

图 2-1-2

图 2-1-3

3. 数控车床常用夹具——三爪自定心卡盘

三爪自定心卡盘(图 2-1-3)是数控车床最常用的通用夹具。三爪自定心卡盘的三个卡爪在装夹过程中是联动的,所以其具有装夹简单、夹持范围大和自动定心的特点,因此,三爪自定心卡盘主要用于数控车床装夹加工圆柱形轴类零件和套类零件。在使用三爪自定心卡盘时,要注意三爪自定心卡盘的定心精度不是很高。因此,当需要二次装夹加工同轴度要求较高的工件时,必须对装夹好的工件进行同轴度的校正。

三爪自定心卡盘的夹紧方式主要有机械螺旋式、气动式或液压式等多种形式。其中气动卡盘和液压卡盘装夹迅速、方便,适合于批量加工。但这类卡盘夹持范围变化小,尺寸变化大时需重新调整卡爪位置,因此,这类卡盘不适合尺寸变化大且需要二次装夹工件的加工。

4. 数控车床常用刀具

车刀是金属切削刀具中应用最广泛的刀具,其品种繁多,结构各异。

(1) 按用途不同分类

按用途不同,车刀可分为外圆车刀、端面车刀、切断刀、切槽刀、螺纹车刀、内孔车刀等,如图 2-1-4 所示,图中 v_f 箭头方向代表进给速度的方向。

外圆车刀用于车削外圆柱面和外圆锥面,它分直头[图 2-1-4(a)]和弯头[(图 2-1-4(b)、图 2-1-4(c)]两种。45°弯头外圆车刀[图 2-1-4(b)]既可以车削外圆表面,又可以车削端面和倒棱,通用性较好,故其得到广泛的应用;90°弯头外圆车刀[图 2-1-4(c)]可用于车削阶梯轴、凸肩、端面及刚度低的细长轴。

端面车刀[图 2-1-4(d)]用于车削垂直于轴线的平面,工作时采用横向进给。

切断刀[图 2-1-4(e)]用于从棒料上切下已加工好的零件,也可以切窄槽。切断刀切削部分宽度很小,强度低,排屑不畅时极易折断,所以要特别注意刃形、几何参数和切削用量的合理性。

切槽刀用于车削沟槽,外形与切断刀类似。

螺纹车刀[图 2-1-4(f)]是一种具有螺纹牙形的成形车刀,它结构简单,通用性强,可用来加工各种形状、尺寸及精度的内外螺纹,特别适合于加工大尺寸的螺纹。

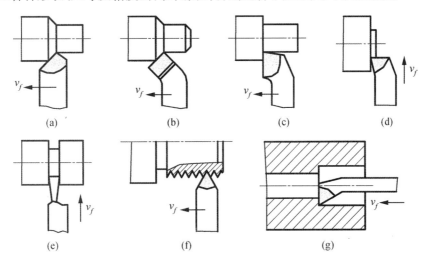

图 2-1-4

内孔车刀[图2-1-4(g)]用于车削内圆柱面和内圆锥面,其工作条件较外圆车刀差,这是由于内孔车刀的刀杆截面尺寸和悬伸长度都受被加工孔的限制,刚度低、易振动,只能承受较小的切削力。

(2) 按结构不同分类

按结构不同,车刀可分为整体车刀、焊接车刀、焊接装配式车刀、硬质合金焊接车刀、机械夹固式车刀等。

整体车刀是由整块高速钢淬火、磨制而成的,俗称"白钢刀",形状为长条形,截面为正方形或矩形,使用时可根据不同用途将切削部分修磨成所需形状。

焊接车刀是在普通碳钢刀杆上镶焊硬质合金刀片或其他刀具材料的刀片;焊接装配式车刀是将硬质合金刀片焊接在小刀块上,再将小刀块装配到刀杆上。焊接装配式车刀多用于重型车刀,重型车刀体积和重量较大,如需刃磨整个车刀,劳动强度很大,而采用焊接装配式结构以后,只需装卸小刀块,刃磨省力,刀杆也可重复使用。

硬质合金焊接车刀的优点是结构简单,可以根据需要进行刃磨,故目前在车刀中仍占相当比例。硬质合金焊接车刀的主要缺点是其切削性能主要取决于操作人员的刃磨技术,不适应现代化生产要求,此外刀杆不能重复使用,造成一定的浪费。在制造工艺上,由于硬质合金刀片和刀杆材料(一般为中碳钢)的线膨胀系数不同,焊接时易产生热应力,当焊接工艺不合理时易导致硬质合金产生裂纹。

机械夹固式车刀也称可转位车刀(图 2-1-5),刀片为多边形,每个边都可做切削刃,用钝后不必修磨,只需将刀片转位,即可使新的切削刃投入切削。

机械夹固式车刀的最大优点是刀具的几何参数完全由刀片和刀杆上的刀槽保证,不受操作人员技术水平的影响,因此切削性能稳定,很适合现代化生产要求。此外,刀片未经高温焊接,排除了产生焊接裂纹的可能性;刀杆可进行热处理,提高了刀片支撑面的硬度,从而提高了刀片寿命;刀杆可以重复使用。

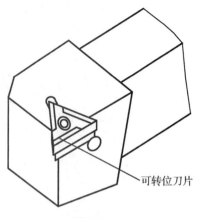

可转位刀片

图 2-1-5

5. 数控车刀在数控机床刀架上的安装要求

车刀安装得正确与否,将直接影响切削能否顺利进行和工件的加工质量好坏。安装车刀时,应注意下列几个问题:

① 车刀安装在刀架上,伸出部分不宜太长,伸出量一般为刀杆 1.5 倍。伸出过长会使刀杆刚性变差,切削时易产生振动,影响工件的表面粗糙度。

② 车刀垫铁要平整,数量要少,垫铁应与刀架对齐。车刀至少要用两个螺钉压紧在刀架上,并逐个轮流拧紧。

③ 车刀刀尖应与工件轴线等高,否则会因基面和切削平面的位置发生变化,从而改变车刀工作时的前角和后角的数值。

④ 车刀刀杆中心线应与进给方向垂直,否则会使主偏角和副偏角的数值发生变化,如螺纹车刀安装歪斜,会使螺纹牙型半角产生误差。

6. 游标卡尺

游标卡尺是一种中等测量精度的量具,能直接测量工件的外径、内径、宽度、长度、高度、深度等。游标卡尺的测量范围可分为 0 ~ 125mm、0 ~ 150mm、0 ~ 200mm、0 ~ 300mm、0 ~ 500mm 等几种,最大可测 3000mm。游标卡尺的测量精度可分为 0.1mm、0.05mm、0.02mm 三种规格。这三个数值就是游标卡尺所能量得的最小读数精确值。目前,常用游标卡尺的测量精度为 0.02mm。

(1) 游标卡尺的结构

游标卡尺的结构如图 2-1-6 所示,其主要由主尺、尺框和游标等零件组成。

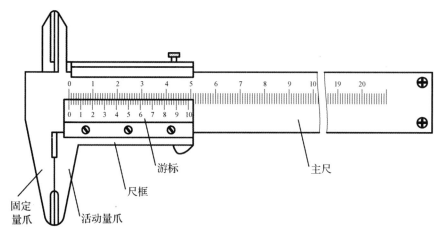

图 2-1-6

（2）游标卡尺的刻线原理（以测量精度 0.02mm 的游标卡尺为例）

当尺框上的活动量爪与主尺左端固定量爪密合时，游标上的"0"刻线对准主尺上的"0"刻线，这时量爪间的距离为零（图 2-1-6）。测量时，尺框向右移动到某一位置后，固定量爪和活动量爪之间的距离就是测量尺寸。该尺寸的毫米整数部分可由游标零线左边的主尺刻线上读出，毫米小数部分可由游标及主尺相互配合读出。

主尺上每小格为 1mm。主尺上的 49 格（49mm）正好对应于游标上的 50 格，则游标每小格为 $49 \div 50$mm $= 0.98$mm，主尺每小格与游标每小格相差（$1 - 0.98$）mm $= 0.02$mm，如图 2-1-7 所示。

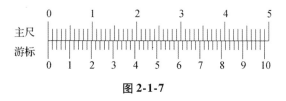

图 2-1-7

（3）游标卡尺的读数方法

① 先读整数：看游标"0"刻线左边，主尺尺身上最靠近的那条刻线的数值就是被测尺寸的整数值。

② 再读小数：观察游标上第几条刻线与主尺哪一条刻线对齐，将游标精度乘以游标上对齐刻线前的格数，即为毫米小数值。

③ 将整数值和小数值相加，即得被测尺寸读数，即

$$被测尺寸 = 主尺整数 + 游标精度 \times 游标格数$$

如图 2-1-8 所示,图(a)中游标"0"刻线左边主尺刻线为 10mm,这是读数的整数部分,游标上与主尺刻线对齐的刻线前共有 5 格,读数的小数部分为 0.02×5mm $= 0.1$mm,被测尺寸为 $(10 + 0.1)$mm $= 10.1$mm;图(b)中游标"0"刻线左边主尺刻线为 27mm,这是读数的整数部分,游标上与主尺刻线对齐的刻线前共有 47 格,读数的小数部分为 0.02×47mm $= 0.94$mm,被测尺寸为 $(27 + 0.94)$mm $= 27.94$mm;图(c)中游标"0"刻线左边主尺刻线为 41mm,这是读数的整数部分,游标上与主尺刻线对齐的刻线前共有 25 格,读数的小数部分为 0.02×25mm $= 0.5$mm,被测尺寸为 $(41 + 0.5)$mm $= 41.5$mm。

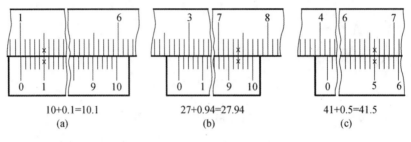

图 2-1-8

(4) 游标卡尺的使用方法

① 测量前应擦净游标卡尺,检查零位是否对准。零位对准就是当卡尺两个量爪紧密贴合时,游标和主尺的零线正好对准,否则应送量具检修部门校准。

② 测量时,先擦净工件表面,然后将量爪张开,使尺寸 L 略大于(测量外尺寸 d 时)或略小于(测量内尺寸 D 时)被测尺寸(图 2-1-9)。卡尺自由卡进工件后,先使固定量爪贴紧一个被测表面,再慢慢移动活动卡爪,使其轻轻地接触另一被测表面。

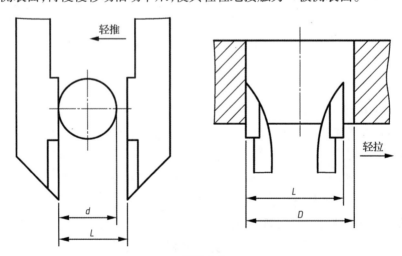

图 2-1-9

③ 测量时,量爪与被测表面不要卡得太紧或太松,测量用力大小要适当,并且要使量爪与被测尺寸的方向一致,不得放斜,否则会使测量尺寸不准确。

④ 测量圆孔时,应使一个量爪接触孔壁不动,另一个量爪轻轻摆动,取其最大值,以

量得真正的直径尺寸。

⑤ 读数时,刻线应在两眼的视线中间,且视线应垂直于卡尺表面,否则会造成读数误差。如果需从工件上取下卡尺进行读数,则应将卡尺沿着被测表面轻轻地拨出来,不可歪斜,以防量爪移动位置而造成读数误差。

▶▶ 项目实施

1. 确定数控车削加工工艺

(1) 图样分析

根据所要加工的零件,选择已进行精加工的半成品,长度为 40mm,材料为 45#钢,留有 0.5mm 的精加工余量。该零件属于轴类零件,加工的内容包括圆柱面的精加工和倒角加工。表面粗糙度要求不大于 $Ra3.2\mu m$,径向尺寸 $\phi30$ 和 $\phi40$ 的精度要求较高,有公差要求,无热处理和硬度要求。

(2) 装夹方案的确定

确定毛坯件轴线和右端大端面(设计基准)为定位基准。左端采用三爪自定心卡盘夹住 $\phi50mm$ 的外圆,外伸 40mm。

(3) 量具的准备

根据本零件所需要测量的尺寸要素及精度要求,测量本零件时可选用的量具为游标卡尺。

(4) 刀具及切削参数的选择

刀具及切削参数如表 2-1-1 所示。

表 2-1-1 刀具及切削参数

序号	工步内容	刀具号	刀具类型	主轴转速/(r/min)	进给速度/(mm/r)
1	粗车外轮廓	T1	90°外圆刀	600	0.3
2	精加工外轮廓	T1	90°外圆刀	800	0.1

(5) 工件坐标系的设定

选取工件右端面的中心点为工件坐标系的原点。

2. 编程说明

① 计算出各基点的编程坐标值,采用径向直径编程方式,此零件只是精加工,加工步骤比较简单。图 2-1-10 中从点 A 至点 J 为精加工轨迹,根据零件图标出加工刀位点代号 A、B、D、E、F、G、H、I、J,如表 2-1-2 所示。

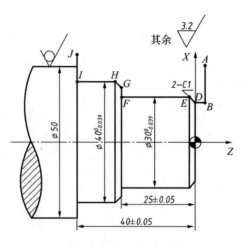

图 2-1-10

表 2-1-2 加工刀位点

点	坐标点
A	(55,5)
B	(28,5)
D	(28,0)
E	(30,-1)
F	(30,-25)
G	(38,-25)
H	(40,-26)
I	(40,-40)
J	(55,-40)

② 编写出加工程序。

```
O0001;
M03 S600 T0101;
G00 X55.0 Z5.0;
    X28.0;
G01 Z0 F0.1;
    X30.0 Z-1.0;
    Z-25.0;
    X38.0;
    X40.0 Z-26.0;
    Z-40.0;
G00 X55.0;
```

```
G00 X100.0 Z100.0;

M03;

M05;
```

▶▶ **项目总结**

　　本项目通过阶梯轴的精加工,学习 G00、G01 等基本指令,掌握各指令加工的特点、适用范围、使用方法、使用技巧以及使用过程中应注意的问题等,掌握简单外轮廓程序的编制。最后通过类似零件的编程训练,以进一步提高编程与加工操作技巧。

　　本项目的学习重点为:掌握常用 M 功能指令的功能以及 G00、G01 等基本指令的功能、编程格式和特点,会编制简单的外轮廓的程序,掌握游标卡尺的使用方法。

▶▶ **拓展练习**

　　图 2-1-11 为一个简单的阶梯轴,工件材料选用 45#钢,已经进行了粗加工,工件还没有切断,留有 0.5mm 的精加工余量,要求对零件进行精加工。

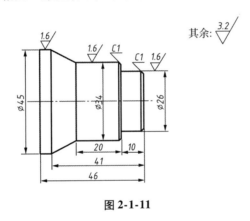

图 2-1-11

项目二　手柄的车削加工

▶▶ **项目目标**

- 掌握 G73 复合循环指令的功能、编程格式及应用场合。
- 掌握外切槽加工的方法及数控程序的编制方法。
- 掌握较复杂零件的综合工艺分析方法,并能合理安排加工工艺和工序。

▶▶ **项目任务**

单件加工如图 2-2-1 所示的手柄，毛坯为 $\phi30$ 的棒料，材料为铝材。

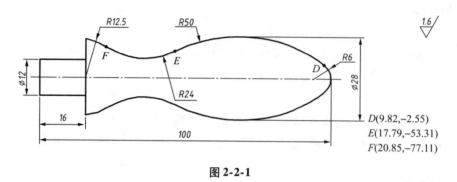

图 2-2-1

▶▶ **相关知识**

1. G02/G03：圆弧插补指令

刀具从当前位置开始以给定的进给速度沿圆弧移动到规定的位置。其中 G02 为顺时针圆弧插补指令，G03 为逆时针圆弧插补指令。数控车床的刀架位置有两种形式，即刀架在操作者的内侧（前置刀架）或操作者的外侧（后置刀架），应结合刀架的位置判别圆弧插补的顺逆，如图 2-2-2、图 2-2-3 所示。本书以后置刀架的数控车床为例介绍加工程序的编制方法。

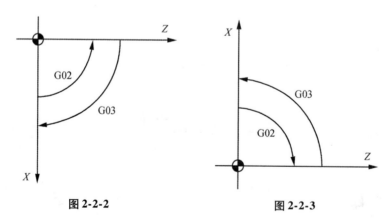

图 2-2-2   图 2-2-3

编程格式一：

    G02／G03 X＿ Z＿ R＿ F＿；

其中，X＿、Z＿为圆弧终点坐标，R＿为圆弧半径，F＿为进给速度。例如：

G02 X36 Z－10 R3 F100；

刀具从当前位置开始以每分钟 100mm 的进给速度沿半径为 3mm 的圆弧移动到 X36、Z－10 的位置。

编程格式二：

```
G02/G03 X __ Z __ I __ K __ F __；
```

其中,X __、Z __ 为圆弧终点坐标,I __、K __ 为圆弧中心相对于圆弧起点的坐标,F __ 为进给速度。

2. G04：暂停指令

G04 可推迟下一个程序段的执行时间,可使刀具做短时间的无进给光整加工。

编程格式一：

```
G04 X __；
```

编程格式二：

```
G04 P __；
```

其中,X __ 或 P __ 为暂停时间。

X 后面可以接一个带有小数点的数,单位为 s；P 后面接一个不带小数点的数,单位为 ms。例如：

```
G04 X1.8；
```

```
G04 P1800；
```

两者都表示将下一个程序段的执行时间向后推迟 1.8s。

3. G73：闭合车削固定循环指令

指令 G73 的作用是将工件切削至精加工之前的尺寸,刀具是按照精加工轮廓进行循环运动的,当工件毛坯已经具备了简单的零件轮廓,这时使用指令 G73 进行粗加工,可以节省加工时间,提高加工效率。编程时,只要给出精加工形状的轨迹、精加工的余量以及粗加工的走刀次数、退刀距离和方向、进给速度等,就可以自动得到粗加工的刀具运动轨迹。在使用 G73 指令前应先用 G00 或 G01 指令将刀具移动到固定循环加工的起点。

当用指令 G73 粗加工如图 2-2-4 所示的工件时,可确定精加工形状的轨迹为：从点 *A* 出发运动到点 *B*,再沿着工件的轮廓运动到点 *C*。在确定精加工形状的轨迹时,必须保证刀具从点 *C* 沿直线运动到点 *A* 时,不得与工件发生干涉,如图 2-2-4 所示。

编程格式：

```
G73 U __ W __ R __；
G73 P __ Q __ U __ W __ F；
N …；
    …
N …；
```

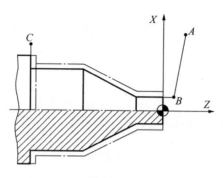

图 2-2-4

其中,第一个程序段中的 U 和 W 后面分别接沿 X 轴和 Z 轴的退刀距离及方向,沿 X 轴的退刀距离用半径值指定。当退刀方向与坐标轴的正向相同时,在退刀距离前加符号"+"(可省去);当退刀方向与坐标轴的正向相反时,在退刀距离前加符号"−"。R 后接粗加工的走刀次数。第二个程序段中的 P 和 Q 后面分别接精加工程序段的起始程序段顺序号和终止程序段顺序号,U 和 W 后面分别接 X 方向和 Z 方向的精加工余量,F 为粗加工时的进给速度。下面程序段中的两个 N 后面分别接精加工程序段的起始程序段顺序号和终止程序段顺序号,省略号的部分表示精加工程序段。

　　若工件的尺寸如图 2-2-5 所示,用指令 G73 粗加工时,若沿 X 轴和 Z 轴的退刀距离分别为 3mm 和 2.5mm,退刀方向与相应轴的正方向相同,粗加工的走刀次数为 3,进给速度为 0.2mm/r,X 方向的精加工余量为 0.2mm,Z 方向的精加工余量为 0.1mm,精加工程序段的起始程序段顺序号为 10(任意的),终止程序段顺序号为 20(任意的),则编程如下:

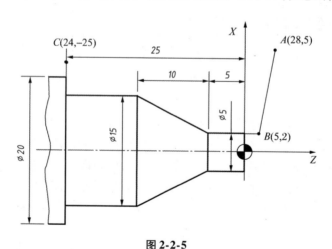

图 2-2-5

```
G00 X28.0 Z5.0;
G73 U3.0 W2.5 R3;
G73 P10 Q20 U0.2 W0.1 F0.2;
N10 G00 X5.0 Z2.0;
```

```
G01 Z -5.0;
    X15.0 Z -15.0;
    Z -25.0;
N20 X24.0;
```

粗加工时,刀具运动的轨迹如图2-2-6所示,先从点 A 退回到点 D,再按精加工的轨迹重复切削,每次走刀后刀具向工件移动一次,最后一次走刀留下精加工余量后,刀具仍然回到点 A。

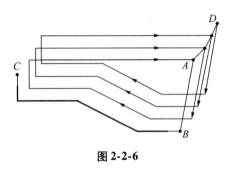

图 2-2-6

4. G70:精加工固定循环指令

当用指令 G71、G72 或 G73 粗加工后,可用指令 G70 对工件进行精加工。

编程格式:

```
G70 P __ Q __;
```

其中,P __ 和 Q __ 后面分别接精加工程序段的起始程序段顺序号和终止程序段顺序号。

如程序中已经分别用指令 G71、G72 或 G73 对某一工件进行了粗加工,粗加工结束后,用指令 G70 对工件进行精加工,编程如下:

```
G70 P10 Q20;
```

刀具从点 A 出发运动到点 B,然后沿工件轮廓运动到点 C,最后快速返回到循环起点(点 A),如图 2-2-6 所示。

在含有指令 G71、G72 或 G73 的程序段中指定的切削用量对精加工无效,在精加工程序段中可以指定精加工的切削用量。

5. 自动返回参考点 G28 指令

编程格式:

```
G28 X(U)__ Z(W)__;
```

功能:刀具先快速移动到指令值所指定的中间点位置,然后自动返回参考点。

说明:X __、Z __ 为中间点的绝对坐标,U __、W __ 为中间点的增量坐标。对各轴而言,移动到中间点或移动到参考点均是以快速移动的速度来完成的。

6. 槽的种类

根据槽宽度不同,槽分为宽槽和窄槽两种。

① 窄槽沟槽的宽度不大,采用刀头宽度等于槽宽的车刀,一次车出的沟槽称为窄槽。

② 宽槽沟槽宽度大于切槽刀头宽度。

根据槽截面的形状不同,槽有直槽和梯形槽两种:截面为矩形的槽称为直槽;截面为梯形的槽称为梯形槽。

7. 槽类零件的装夹

根据槽的宽度条件,在切槽时经常采用直接成形法,即槽的宽度就是切槽刀刃的宽度,也即等于背吃刀量。采用这种方法切削时会产生较大的切削力。另外,大多数槽位于零件的外表面上,切槽时主切削力的方向与工件轴线垂直,会影响到工件的装夹稳定性。因此,在数控车床上对槽进行加工一般可采用下面两种装夹方式:

① 利用软卡爪,并适当增加夹持面的长度,以保证定位准确、装夹稳固。

② 利用尾座及顶尖做辅助支撑,采用一夹一顶方式装夹,最大限度地保证零件装夹稳定。

8. 槽类零件的加工方法

① 对于宽度、深度值不大,且精度要求不高的槽,可采用与槽等宽的刀具直接切入一次成形的方法加工,如图 2-2-7 所示。刀具切入槽底后可利用延时指令使刀具短暂停留,以修整槽底圆度,退出过程中可采用工进速度。

② 宽槽的切削。宽槽的宽度、深度等精度要求及表面质量要求相对较高。在切削宽槽时常采用排刀的方式进行粗切,然后用精切槽刀沿槽的一侧切至槽底,精加工槽底至槽的另一侧,再沿侧面退出,切削方式如图 2-2-8 所示。

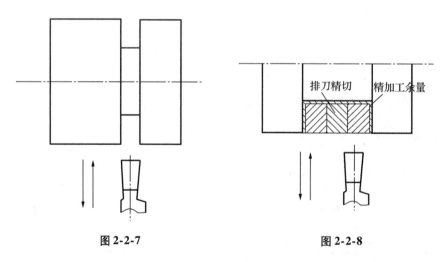

图 2-2-7　　　　　　　　　　　　图 2-2-8

9. 切削用量与切削液的选择

背吃刀量、进给量和切削速度是切削用量的三要素,在切槽过程中,背吃刀量受到切刀宽度的影响,其调节范围较小。要增加切削稳定性,提高切削效率,就要选择合适的切削速度和进给速度。在普通车床上进行切槽加工,切削速度和进给速度相对外圆切削要选取得低些,一般取外圆切削的 30% ~ 70%。数控车床的各项性能指标要远高于普通车床,可以选择相对较高的切削用量,切削速度可以选择外圆切削的 60% ~ 80%,进给速度选取 0.05 ~ 0.3mm/r。

需要注意的是,在切槽中容易产生振动现象,这往往是由于进给速度过低,或者是由于线速度与进给速度搭配不当造成的,需及时调整,以保证切削稳定。

切槽过程中,为了解决切槽刀刀头面积小、散热条件差、易产生高温而降低刀片切削性能等问题,可以选择冷却性能较好的乳化类切削液进行喷注,使刀具充分冷却。

10. 切槽与切断编程中应注意的问题

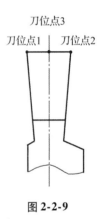

图 2-2-9

① 切刀有左右两个刀尖及切削中心处的三个刀位点,如图 2-2-9 所示,在编写加工程序时要采用其中之一作为刀位点,一般用刀位点 1,在整个加工程序中应采用同一个刀位点。

② 注意合理安排切槽后的退刀路线,避免刀具与零件碰撞,使车刀及零件损坏。

③ 切槽时,刀刃宽度、切削速度和进给量都不宜太大。

11. 梯形槽编程

车较小的梯形槽时,一般以成形刀一次完成;车较大的梯形槽时,通常先切割直槽,然后用梯形刀直进法或左右切削法完成。

12. 外径千分尺

外径千分尺是一种用于测量加工精度要求较高的外尺寸的精密量具,它具有体积小、坚固耐用、测量准确度较高、使用方便、调整容易、测力恒定等特点,使用非常普遍。外径千分尺的测量精度可达到 0.01mm,根据外径千分尺测量范围的大小,可分为 0 ~ 25mm、25 ~ 50mm、50 ~ 75mm、75 ~ 100mm、100 ~ 125mm 等几种规格。

（1）外径千分尺的结构

外径千分尺的结构如图 2-2-10 所示,其主要由尺架、测微螺杆、固定套管、微分筒、测力装置、锁紧装置、隔热板等零部件组成。

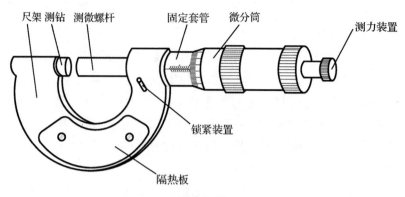

尺架 测钻 测微螺杆　　固定套管 微分筒　　　　测力装置

锁紧装置

隔热板

图 2-2-10

外径千分尺固定套管(主尺)的表面刻有刻度,衬套内有螺纹,螺距为0.5mm,测微螺杆右面的螺纹可沿此内螺纹回转。固定套管的外面是微分筒(副尺),上面刻有刻线,它用锥孔与测微螺杆右端锥体相连。测微螺杆在转动时的松紧度可用螺母调节。当要测微螺杆固定不动时,可转动手柄通过偏心机构锁紧。测力装置主要由棘轮、棘爪和弹簧等零件组成。转动棘轮,测微螺杆就会前进,当测微螺杆左端面接触工件时,棘轮在棘爪的斜面上打滑,由于弹簧的作用,使棘轮在棘爪上划过而发出"咔咔"声,如果棘轮以相反方向转动,则拨动棘爪和微分筒,测微螺杆在转动的同时也向右移动。

(2) 外径千分尺的刻线原理

在固定套管上有一条纵向刻线,这条刻线是微分筒的读数基准线。在该线上下各有一排间距为1mm的刻度线,上下相互错开0.5mm(图2-2-11)。其中上一排刻线刻有0、5、10、15、25的数字,表示毫米整数值,对应的下一排刻线表示相差0.5mm的数值。两排刻线将固定套管上25mm的长度分成50个小格,一格等于0.5mm,正好等于测微螺杆的螺距。

图 2-2-11

微分筒每转一周所移动的距离正好等于固定套管上的一格。顺时针转一周,就使测距缩短0.5mm;逆时针转一周,就使测距延长0.5mm。将微分筒沿圆周等分成50个小格,转动1/50周(一小格),则移动距离为 $0.5 \times 1/50$ mm $= 0.01$ mm。微分筒转动10小格时,移动0.1mm。

(3) 外径千分尺的读数方法

① 先读整数:看微分筒棱边的左侧,固定套管上纵向刻线上方最靠近微分筒棱边的刻线数值为被测尺寸的整数值。

② 再读等于0.5mm的小数:看微分筒棱边与被测尺寸的整数值刻线之间有无表示

0.5mm 的刻线,如果有,则小数部分的读数将大于 0.5mm;如果没有,则小数部分的读数将小于 0.5mm。

③ 最后读小于 0.5mm 的小数:看固定套管上纵向刻线与微分筒上哪一条刻线对齐,此刻线的数值即为被测尺寸小于 0.5mm 的小数值。

④ 将以上读数相加即得被测尺寸读数。

如图 2-2-12 所示,图(a)中固定套管上纵向刻线上方最靠近微分筒棱边的毫米整数刻线为 6mm,这是读数的整数部分,微分筒棱边与被测尺寸的整数值刻线之间没有表示 0.5mm 的刻线,固定套管上纵向刻线与微分筒上 0.22mm 的刻线对齐,读数的小数部分为 0.22mm,被测尺寸为 (6 + 0.22)mm = 6.22mm;图(b)中固定套管上纵向刻线上方最靠近微分筒棱边的毫米整数刻线为 5mm,这是读数的整数部分,微分筒棱边与被测尺寸的整数值刻线之间有表示 0.5mm 的刻线,固定套管上纵向刻线与微分筒上 0.23mm 的刻线对齐,读数的小数部分为 (0.5 + 0.23)mm = 0.73mm,被测尺寸为 (5 + 0.73)mm = 5.73mm;图(c)中固定套管上纵向刻线上方最靠近微分筒棱边的毫米整数刻线为 1mm,这是读数的整数部分,微分筒棱边与被测尺寸的整数值刻线之间有表示 0.5mm 的刻线,固定套管上纵向刻线与微分筒上 0.05mm 的刻线对齐,读数的小数部分为 0.55mm,被测尺寸为 (1 + 0.55)mm = 1.55mm。

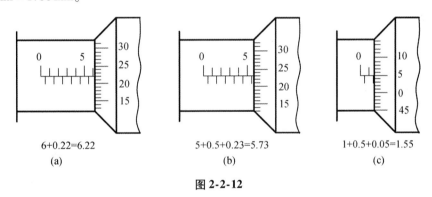

图 2-2-12

(4) 外径千分尺的使用方法

① 使用前要校对零位,把千分尺的两个测量面擦干净,转动测力装置,使测量面正常接触(对测量范围大于 25mm 的千分尺,测量面间要放入标准量棒),这时微分筒刻度的“0”刻线应与固定套管的纵向刻线重合,微分筒棱边应与固定套管上的“0”刻线对齐。

② 测量前,要擦净被测表面。不允许用千分尺测量粗糙表面。

③ 测量时,应转动测力装置,使千分尺的测量面与被测表面接触,当听到“咔咔”声音后,就要停止转动,进行读数。不允许用力旋转微分筒,或把千分尺锁紧后卡入工件。

④ 需要取下千分尺进行读数时,应先用制动销将测微螺杆锁紧,然后轻轻取下。

⑤ 为了提高测量精度,允许轻轻地晃动千分尺或被测工件,以保证被测表面与千分尺的测量表面接触良好;还可以在被测表面的不同位置或方向上进行多次重复测量,取其算术平均值作为测量结果。

▶▶ **项目实施**

1. 确定数控车削加工工艺

(1) 图样分析

该零件属于轴类零件,选用 $\phi30 \times 130$ 的毛坯,加工的内容包括圆柱面和圆弧面的加工。表面粗糙度要求不大于 $Ra\,3.2\,\mu m$,径向尺寸精度要求不高,为自由公差,无热处理和硬度要求。由于该任务中含有圆弧指令,而且零件的直径落差比较大,因此此加工余量大,需要多次重复同一路径循环加工,才能去除全部余量。这样造成程序内存较大,为了简化编程,数控系统提供了不同形式的固定循环功能,以简化计算,减少程序所占内存。此工件外轮廓加工选用 G73 复合循环指令。

(2) 装夹方案的确定

确定毛坯件轴线和右端大端面(设计基准)为定位基准。左端采用三爪自定心卡盘夹住 $\phi30mm$ 的外圆,外伸 100mm。

(3) 量具的准备

根据本零件所需要测量的尺寸要素及精度要求,选用游标卡尺和千分尺。

(4) 刀具及切削参数的选择

刀具及切削参数如表 2-2-1 所示。

表 2-2-1 刀具及切削参数

序号	工步内容	刀具号	刀具类型	主轴转速/(r/min)	进给速度/(mm/r)
1	粗加工外轮廓	T1	90°外圆刀	600	0.3
2	精加工外轮廓	T1	90°外圆刀	800	0.1
3	切槽	T1	4mm 切槽刀	450	0.1

(5) 工件坐标系的设定

选取工件右端面的中心点为工件坐标系的原点。

2. 编程说明

① 计算出各基点的编程坐标值,采用径向直径编程方式。根据零件图 2-2-13 尺寸标出外轮廓精加工刀位点代号 A、B、C、D、E、F、G、H、I,如表 2-2-2 所示。

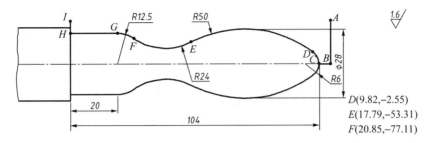

图 2-2-13

表 2-2-2　精加工刀位点

点位	坐标点
A	(35, 5)
B	(0, 5)
C	(0, 0)
D	(9.82, −2.55)
E	(17.79, −53.31)
F	(20.85, −77.11)
G	(25, −84)
H	(25, −104)
I	(35, −104)

② 编写加工程序如下：

```
O0001;
N1;(外轮廓粗加工)
M03 S600 T0101;
G00 X35.0 Z5.0;
G73 U15.0 W0 R15;
G73 P10 Q20 U0.3 W0 F0.3;
N10 G01 X0 F0.1;
     X0 Z0;
  G03 X9.82  Z−2.55  R6.0;
     X17.79 Z−53.31 R50.0;
  G02 X20.85 Z−77.11 R24;
  G03 X25.0  Z−84.0  R12.5;
  G01 Z−104;
  N20 X35.0;
G28 U0 W0;
```

```
M05；
M00；
N2；(外轮廓精加工)
M03 S800 T0101；
G00 X35.0 Z5.0；
G70 P10 Q20；
G28 U0 W0；
M05；
M00；
N3；(外切槽)
M03 S450 T0202；
G00 X35.0 Z5.0；
    Z-88.0；
G01 X16.1 F0.1；
G00 X35.0；
    Z-91.0；
G01 X16.1；
G00 X35.0；
    Z-94.0；
G01 X16.1；
G00 X35.0；
    Z-97.0；
G01 X16.1；
G00 X35.0；
    Z-100.0；
G01 X16.0；
G04 X1.8；
    Z-88.0；
G04 X1.8；
G00 X35.0；
G28 U0 W0；
M05；
M30；
```

▶▶ **项目总结**

本项目通过手柄的加工,学习轴类零件加工的工艺分析,能合理地选择 G73、G70 复合循环指令对零件的外轮廓粗、精加工,对宽槽切削加工能安排合理的切削路径、加工步骤,掌握选择切削用量等工艺技巧。最后通过类似零件的编程训练,进一步提高编程与加工操作技巧。

本项目的学习重点为:熟练掌握 G73、G70 复合循环指令对零件的外轮廓粗、精加工的编程,掌握切槽的程序的编写。

▶▶ **拓展练习**

单件加工如图 2-2-14 所示的零件,毛坯为 $\phi 40$ 的棒料,材料为铝材。

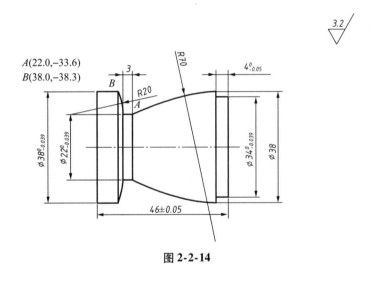

图 2-2-14

项目三　旋入式模柄的加工

▶▶ **项目目标**

- 掌握 G71 复合循环指令的功能、编程格式及应用场合。
- 了解螺纹的基本知识。
- 掌握 G92 指令的功能、编程格式及特点。

● 掌握简单轴类零件上螺纹加工的工艺过程及方法。

▶▶ **项目任务**

单件加工如图 2-3-1 所示的零件,毛坯为 $\phi30$ 的棒料,材料为铝材。

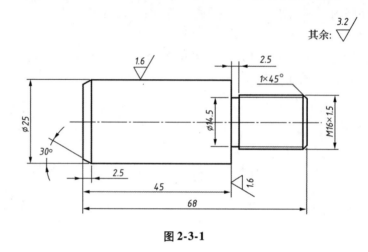

图 2-3-1

▶▶ **相关知识**

1. G71:外圆粗车固定循环指令

指令 G71 将工件切削至精加工之前的尺寸,编程时,只要给出精加工形状的轨迹、精加工的余量以及粗加工的进刀量(切削深度)、退刀量、进给速度等,就可以自动得到粗加工的刀具运动轨迹。在使用 G71 指令前应先用 G00 或 G01 指令将刀具移动到固定循环加工的起点。

当用指令 G71 粗加工如图 2-3-2 所示的工件时,可确定精加工形状的轨迹为:从点 A 出发运动到点 B,再沿着工件的轮廓运动到点 C。在确定精加工形状的轨迹时,必须保证:

① 刀具应沿着 X 轴从点 A 运动到点 B,Z 方向不能发生变化,即第一行精加工程序段中 Z 轴坐标不能发生变化;

② 刀具从点 B 运动到点 C 时,X 轴和 Z 轴的坐标值必须都单调增大或减小。

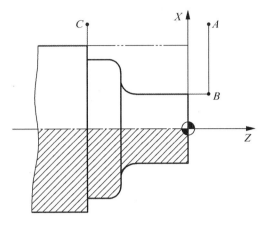

图 2-3-2

编写加工程序如下：

```
G71 U __ R __;
G71 P __ Q __ U __ W __ F __;
N …;
    …
N …;
```

其中,第一个程序段中的 U 和 R 后面分别接粗加工时的进刀量和退刀量;第二个程序段中的 P 和 Q 后面分别接精加工程序段的起始程序段顺序号和终止程序段顺序号,U 和 W 后面分别接 X 方向和 Z 方向的精加工余量,F 为粗加工时的进给速度。下面程序段中的两个 N 后面分别接精加工程序段的起始程序段顺序号和终止程序段顺序号,省略号的部分表示精加工程序段。

图 2-3-2 中工件的尺寸如图 2-3-3 所示,用指令 G71 粗加工时,若进刀量为 2mm,退刀量为 0.5mm,进给速度为 100mm/min,X 方向的精加工余量为 0.2mm,Z 方向的精加工余量为 0.1mm,精加工程序段的起始程序段顺序号为 10(任意的),终止程序段顺序号为 20(任意的),精加工时刀具运动的起点坐标和终点坐标如图 2-3-3 所示,则编程如下：

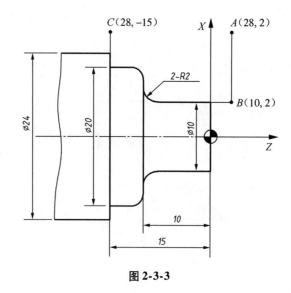

图 2-3-3

```
G00 X28 Z2;

G71 U2 R0.5;

G71 P10 Q20 U0.2 W0.1 F100;

N10 G00 X10;

G01 Z -8;

G02 X14 Z -10 R2;

G01 X16;

G03 X20 Z -12 R2;

G01 Z -15;

N20 X28;
```

粗加工时,刀具运动的轨迹如图 2-3-4 所示,从点 A 出发,先沿 Z 轴方向切削,再沿精加工轮廓(留下精加工余量)切削,最终仍然回到点 A。

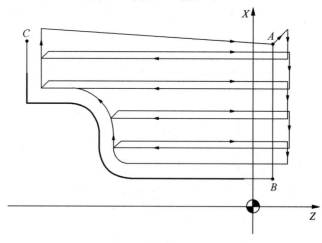

图 2-3-4

2. 螺纹的形成

用成形刀具沿螺旋线切深就形成螺纹。螺纹的加工方法很多,车削加工是最常用的一种。

由于螺纹加工属于成形加工,为了保证螺纹的导程,加工时主轴旋转一周,车刀的进给量必须等于螺纹的导程,进给量较大。另外,螺纹车刀的强度一般较差,而螺纹牙形往往不是一次加工而成形,需要多次进行切削。

3. 指令:单一固定循环螺纹车削指令 G92

G92 指令主要用于车削螺纹。在使用 G92 指令前应先用 G00 或 G01 指令将刀具移动到固定循环加工的起点。

编程格式如下:

    G92 X __ Z __ F __;

其中,X __、Z __ 为螺纹终点的坐标,F __ 为螺距。

运动轨迹说明:G92 指令的运动轨迹是一个闭合的矩形轨迹,刀具从循环起点 A 沿 X 轴方向快速移动至点 B,然后以每转一周进给一个导程的速度沿 Z 轴方向切削进给至点 C,再沿 X 轴方向快速退刀至点 D,最后返回循环起点 A,准备下一次循环,这样就组成一个单一固定循环,如图 2-3-5 所示。

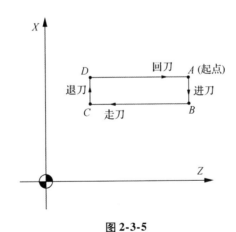

图 2-3-5

4. 外螺纹的计算

外螺纹尺寸的计算公式如下:

$$螺纹大径 = 公称直径 - 0.1P$$
$$螺纹小径 = 公称直径 - 1.3P$$

式中,P 为螺距。

5. 外螺纹的检验

螺纹量规有螺纹环规和螺纹塞规两种:螺纹环规用来测量外螺纹的综合尺寸精度,如图 2-3-6 所示;螺纹塞规用来测量内螺纹的综合尺寸精度。测量时,如果螺纹环规的通规能顺利拧入工件螺纹的有效长度范围,而止规不能拧入,则说明螺纹符合尺寸要求。

图 2-3-6

6. 螺纹环规使用方法及注意事项

① 所选螺纹环规型号必须与测量产品螺纹型号一致。

② 螺纹环规"T"规与工件旋合时,产品螺牙需全部旋进。

③ 螺纹环规"Z"规与工件旋合时,产品螺牙旋合量不得超过2圈。

④ 在综合测量之前,应先对螺纹的直径、牙型和螺距进行检查并清洁,因螺纹环规是精密量具,使用时不要硬拧量规,更不能用扳手硬拧,以免量规严重磨损,降低测量精度。

7. 影响内螺纹尺寸精度的主要因素

影响内螺纹尺寸精度的主要因素如下:

① 螺纹刀片的几何角度。

② 螺纹刀的正确安装(刀片朝下)。

③ 外螺纹刀杆的刚性(不要伸出太长)。

④ 螺纹底孔尺寸。

⑤ 外螺纹刀 X 轴方向的对刀精度。

8. 修改磨耗的经验值

① 当螺纹环规"T"端一圈也旋不进时,磨耗值可以减小0.1。

② 当螺纹环规"T"端能旋进一、二圈时,磨耗值可以减小0.05。

③ 当螺纹环规"T"端能放进一半以上时,不修改磨耗值,重新执行程序。

▶▶ **项目实施**

1. 确定数控车削加工工艺

（1）图样分析

该零件属于套类零件，选用 $\phi30 \times 100$ 的毛坯，加工的内容包括外圆柱面、外切槽和外螺纹的加工。表面粗糙度要求不大于 $Ra3.2\mu m$，径向尺寸精度要求不高，为自由公差，无热处理和硬度要求。

（2）装夹方案的确定

确定毛坯件轴线和右端大端面（设计基准）为定位基准。左端采用三爪自定心卡盘夹住 $\phi30mm$ 的外圆，外伸 $75mm$。

（3）量具的准备

根据本零件所需要测量的尺寸要素及精度要求，测量本零件时可选用的量具为游标卡尺、外径千分尺和 $M30 \times 1.5$ 的环规。

（4）刀具及切削参数的选择

刀具及切削参数如表 2-3-1 所示。

表 2-3-1　刀具及切削参数

序号	工步内容	刀具号	刀具类型	主轴转速/(r/min)	进给速度/(mm/r)
1	粗加工外轮廓	T1	35°外圆刀	600	0.3
2	精加工外轮廓	T1	35°外圆刀	800	0.1
3	切槽	T2	4mm 切槽刀	450	0.1
5	加工 M16×1.5 外螺纹	T3	外螺纹车刀	450	1.5
6	切断	T2	4mm 切槽刀	450	手动

（5）工件坐标系的设定

选取工件右端面的中心点为工件坐标系的原点。

2. 编程说明

① 计算出各基点的编程坐标值，采用径向直径编程方式。

图 2-3-7 中点 A 至点 J 为外轮廓的精加工路径，根据零件图尺寸标出外轮廓精加工刀位点代号 A、B、C、D、E、F、G、H、I 和 J，如表 2-3-2 所示。

其余: $\overset{3.2}{\bigtriangledown}$

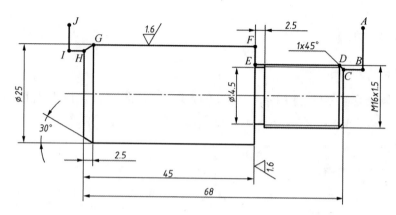

图 2-3-7

M16×1.5 螺纹尺寸计算：

螺纹大径：$D =$ 公称直径 $-0.1P = 16 - 0.1 \times 1.5 = 15.85$

螺纹小径：$d =$ 公称直径 $-1.3P = 16 - 1.3 \times 1.5 = 14.05$

表 2-3-2　精加工刀位点

点位	坐标点
A	(35,5)
B	(13.85,5)
C	(13.85,0)
D	(15.85,-1)
E	(15.85,-23)
F	(25,-23)
G	(25,-65.5)
H	(22.11,-68)
I	(22.11,-72)
J	(35,-72)

② 编写加工程序如下：

```
O0001;

N1;(外轮廓粗加工)

M03 S600 T0101;

G00 X35.0 Z5.0;

G71 U1.0 R0.5;
```

```
G71 P10 Q20 U0.3 W0 F0.3;
N10 G00 X13.85;
    G01 Z0 F0.1;
        X15.85 Z -1.0;
        Z -23.0;
        X25.0;
        Z -65.5;
        X22.11 Z -68.0;
        Z -72.0;
N20    X35.0;
G28 U0 W0;
M05;
M00;
N2;(外轮廓精加工)
M03 S800 T0101;
G00 X35.0 Z5.0;
G70 P10 Q20;
G28 U0 W0;
M05;
M00;
N3;(切槽加工)
M03 S450 T0202;
G00 X35.0 Z5.0;
    Z -23.0;
G01 X14.5 F0.1;
G00 X35.0;
G28 U0 W0;
M05;
M00;
N4;(外螺纹加工)
M04 S450 T0303;
G00 X35.0 Z5.0;
G92 X15.05 Z -22.0 F1.5;
    X14.55;
    X14.25;
    X14.15;
```

```
        X14.1;
        X14.05;
     G28 U0 W0;
     M05;
     M30;
```

▶▶ **项目总结**

　　本项目通过对旋入式模柄的加工,学习较复杂轴类零件加工的工艺分析,能合理地选择 G71、G70 复合循环指令对零件的外轮廓进行粗、精加工,掌握切槽、车螺纹等循环指令编程与加工的方法,会合理安排加工步骤,掌握选择切削用量等工艺技巧。最后通过类似零件的编程训练,进一步提高编程与加工操作技巧。

　　本项目的学习重点为:熟练掌握使用 G71、G70 复合循环指令对零件的外轮廓粗、精加工的编程,掌握螺纹程序的编写。

▶▶ **拓展练习**

　　单件加工如图 2-3-8 所示的零件,毛坯为 φ40 的棒料,材料为铝材。

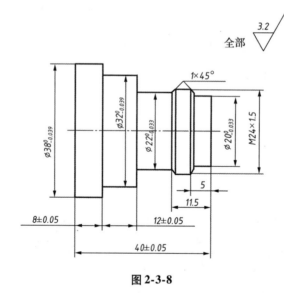

图 2-3-8

项目四　圆螺母的车削加工

▶▶ 项目目标

- 了解孔加工的方法及刀具的使用方法。
- 掌握加工内孔程序的编写及测量方法。
- 掌握内螺纹程序的编写及检验方法。

▶▶ 项目任务

单件加工如图 2-4-1 所示的零件,毛坯为 φ50 的棒料,材料为铝材。

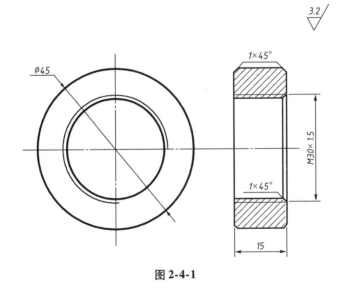

图 2-4-1

▶▶ 相关知识

在数控车床上加工工件时往往会遇到各种各样的孔,通过钻、铰、镗、扩等可以加工出不同精度的孔,其加工方法简单,加工精度也比普通车床高,因此,孔加工是数控车床上最常见的加工之一。

1. 孔的加工刀具

内孔加工要先对零件进行钻孔后才可以使用内孔刀具进行加工,内孔刀具按其用途可分为两大类:

① 一类是钻头,它主要用于实心材料上钻孔、扩孔。根据钻头构造及用途的不同,又可分为麻花钻、扁钻、中心钻、深孔钻等。

② 另一类是对已有孔进行再加工的刀具,如扩孔钻、铰刀、内孔车刀,内孔车刀如图2-4-2 所示。

图 2-4-2

(1) 麻花钻

麻花钻是一种形状复杂的孔加工刀具,如图2-4-3 所示,它应用较为广泛,常用来钻削精度较低和表面较粗糙的孔。用高速钢钻头加工的孔精度可达 IT11 ~ IT13,表面粗糙度值可达 $Ra6.3 ~ Ra25\mu m$;用硬质合金钻头加工时,则分别可达 IT10 ~ IT11 和 $Ra3.2 ~ Ra12.5\mu m$。

图 2-4-3

(2) 中心钻

中心钻用于加工中心孔,如图2-4-4 所示,共有三种形式:普通中心钻、无护锥60°复合中心钻和带护锥60°复合中心钻。为节约刀具材料,复合中心钻常制成双头的,钻沟一般制成直的。复合中心钻的工作部分由钻孔部分和锪孔部分组成,钻孔部分与麻花钻相同,有倒锥度及钻尖几何参数,锪孔部分制成60°锥度,保护锥制成120°锥度。

图 2-4-4

2. 孔的加工方法

（1）钻孔

要在实心材料上加工出孔,必须先用钻头钻出一个孔来。常用的钻孔刀具是麻花钻。麻花钻由切削部分、工作部分、颈部和钻柄等组成。钻柄有锥柄和直柄两种,一般直径12mm 以下的麻花钻用直柄,直径 12mm 以上的麻花钻用锥柄。

用扩孔钻对已钻出的孔做扩大加工,称为扩孔。在实心零件上钻孔时,如果孔径较大,钻头直径也较大,横刃加工,轴向切削力增大,钻削时会很费力,这时可以用扩孔钻对孔进行扩大加工。扩孔钻有高速钢扩孔钻和硬质合金扩孔钻两种。

（2）镗孔

镗孔是常用的孔加工方法之一,可以用于粗加工,也可以用于精加工,加工范围很广,可以加工各种零件上不同尺寸的孔。铸孔、锻孔或用钻头钻出来的孔,内表面比较粗糙,需要用内孔刀,即镗孔刀进行车削,镗孔的方法基本上与车外圆相似。常用镗孔刀有整体式和机夹式两种。

3. 加工内孔时切削用量的选择

（1）加工内孔

加工内孔时因排屑困难和刀杆震动,刚性低,因此切削速度比切削外圆的速度低。一般情况下加工内孔时的转速是加工外圆转速的 0.8 倍。

进给量:$S = 0.1 \sim 0.3 \text{mm/r}$。

切削速度:$v = 20 \sim 40 \text{m/min}$。

（2）吃刀深度

吃刀深度随孔的大小而改变。

4. 内孔件车削步骤

当车内孔时,其车削步骤和车削外圆有共同点。此外,还要注意以下几点:

① 对短小套类零件,为保证外圆同心,最好采用"一刀落"方法。

② 对精度要求较高的内孔,可选钻孔→粗车孔→精车孔加工步骤。

5. 车孔的关键技术

车孔是常用的孔加工方法之一,可用于粗加工,也可用于精加工。车孔的关键技术是解决内孔车刀的刚度问题和内孔车削过程中的排屑问题。

为了增加车削刚度,防止产生震动,要尽量选择粗的刀杆,装夹时刀杆伸出长度尽可能短,只要略大于孔深即可。刀尖要对准工件中心,刀杆与轴线平行。精车内孔时,应保持刀刃锋利,否则容易产生让刀,将孔车成锥形。

6. 内孔车刀刃的安装

安装内孔车刀时应注意以下几个问题。

① 刀尖应与工件中心等高或较工件中心稍高。如果装的刀尖低于工件中心,由于切削抗力的作用,容易将刀柄压低而产生"扎刀"现象,并会造成孔径扩大。

② 刀柄伸出刀架不宜过长,一般比被加工孔长 5~6mm。

③ 刀柄基本平行于工件轴线,否则在车削到一定深度时刀柄后半部容易碰到工件孔口。

④ 装夹盲孔车刀时,内偏刀的主刀刃应与孔底平面成 3°~5° 的角度,并且在车平面时要求横向有足够的退刀余地。

7. 孔尺寸的测量

(1) 用内径千分尺测量

当孔的尺寸小于 25mm 时,可用内径千分尺测量孔径,内径千分尺具有两个圆弧测量面,适用于测量内尺寸。内径千分尺分度值为 0.01mm,测微螺杆螺距为 0.5mm,量程为 25mm,最大测量尺寸达 150mm。

① 内径千分尺的结构。

内径千分尺的结构如图 2-4-5 所示,它由两个带外圆弧测量面的测量爪、固定套管、微分筒、测力装置和锁紧装置构成。

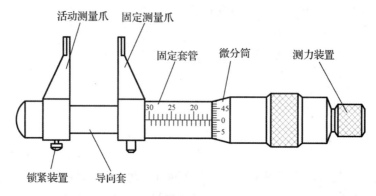

图 2-4-5

内径千分尺的工作原理与外径千分尺相同。转动微分筒,通过测微螺杆使活动测量爪沿着轴向移动,通过两个测量爪的测量面分开的距离进行测量。

内径千分尺容易找正工件的内径直径,使用方便,比游标卡尺测量准确度高。

② 内径千分尺的读数和使用方法。

内径千分尺的读数方法与外径千分尺相同。但它的测量方向和读数方向与外径千分尺相反,注意不要读错。

测量时,先将两个测量爪的测量面之间的距离调整到比被测内尺寸稍小,然后用左手扶住左边的固定测量爪并抵在被测表面上不动,右手按顺时针方向慢慢转动测力装置,并轻微摆动,以便选择正确的测量位置,再进行读数。

校对零位时,应使用检验合格的标准量规或量块,而不能用外径千分尺。

(2) 用内径百分表测量

采用内径百分表测量零件时,应根据零件内孔直径,用外径千分尺将内径百分表对"零"后进行测量,测量所得的最小值为孔的实际尺寸。内径百分表用比较法测量内孔直径,它将测头的直接位移转换成指示表的角位移并由指示表读数,其结构如图 2-4-6 所示,外形如图 2-4-7 所示。

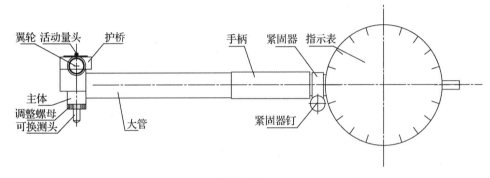

图 2-4-6

图 2-4-7

① 使用方法。

a. 指示表安装:把指示表插入表架轴孔中,压缩约 1mm 后用螺钉紧固。

b. 尺寸设定:根据被测工件名义尺寸选择可换测头、接杆及高整垫片,将其固定在主体上。

c. 零位调整。

◇ 用环规调整零位:将内径百分表放入尺寸与被测工件名义尺寸相近的环规中,在环规的轴向平面内找出最小尺寸(即内径百分表的最大示值点),调整指示表的刻度盘使指针指示在零位。

◇ 用外径千分尺或量块组调整零位:先将外径千分尺或量块组调整到被测工件的名义尺寸,再将内径百分表放入外径千分尺或量块组中,寻找最小尺寸,调整指示表的刻度盘,使指针指示在零位。

◇ 建议将活动量头压缩约半个有效行程的位置处设定为被测工件名义尺寸的指示表示。

◇ 更换可换测头时应避免旋入过深,影响正常测量。

② 测量时将内径百分表插入被测孔中,沿轴向前后摆动,找出轴向平面的最小尺寸(即内径百分表的最大示值点),即为孔的实际尺寸偏离名义尺寸的数值。

③ 测量完后,在测量面和配合处涂防锈油,并放入包装盒中。

④ 注意事项。

a. 护桥及其两翼轮已经过校验并固定,更换或拆装后需重新校验,以免影响定中心的精度。

b. 轻拿轻放,避免导向装置、测量面与尖锐物碰击。

c. 避免可换测头旋入过深,影响正常测量。

8. 内螺纹的检验

螺纹塞规用来测量内螺纹的综合尺寸精度,如图 2-4-8 所示。测量时,如果螺纹塞规的"T"头规能顺利拧入工件螺纹的有效长度范围,而"Z"头不能拧入,则说明内螺纹符合尺寸要求。

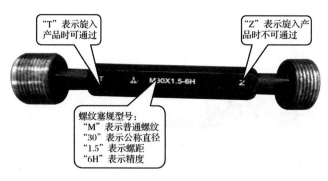

图 2-4-8

螺纹塞规使用方法及注意事项:

① 所选螺纹塞规型号必须与测量产品螺纹型号一致。

② 螺纹塞规"T"头与工件旋合时,产品螺牙需全部旋进。

③ 螺纹塞规"Z"头与工件旋合时,产品螺牙旋合量不得超过 2 圈。

④ 在综合测量之前,应先对螺纹的直径、牙型和螺距进行检查并清洁,因螺纹环规是精密量具,使用时不要硬拧量规,更不能用扳手硬拧,以免量规严重磨损,降低测量精度。

9. 影响内螺纹尺寸精度的主要因素

影响内螺纹尺寸精度的主要因素如下:

① 螺纹刀片的几何角度。

② 螺纹刀的正确安装(刀片朝下)。

③ 内螺纹刀杆的刚性(不要伸出太长)。

④ 螺纹底孔尺寸。

⑤ 内螺纹刀 X 方向的对刀精度。

10. 修改磨耗的经验值

① 当螺纹塞规"T"端一圈也旋不进时,磨耗值可以加大0.1。

② 当螺纹塞规"T"端能旋进一二圈时,磨耗值可以加大0.05。

③ 当螺纹塞规"T"端能放进一半以上时,不修改磨耗值,重新执行程序。

▶▶ 项目实施

1. 确定数控车削加工工艺

(1) 图样分析

该零件属于套类零件,选用ϕ50 的毛坯,加工的内容包括内、外圆柱面内螺纹的加工。表面粗糙度要求不大于 $Ra3.2\mu m$,径向尺寸精度要求不高,为自由公差,无热处理和硬度要求。

(2) 装夹方案的确定

确定毛坯件轴线和右端大端面(设计基准)为定位基准。左端采用三爪自定心卡盘夹住 ϕ50mm 的外圆,外伸30mm。

(3) 量具的准备

根据本零件所需要测量的尺寸要素及精度要求,测量本零件时可选用的量具为游标卡尺、外径千分尺和内径千分尺。

(4) 刀具及切削参数的选择

刀具及切削参数如表2-4-1 所示。

表2-4-1 刀具及切削参数

序号	工步内容	刀具号	刀具类型	主轴转速/(r/min)	进给速度/(mm/r)
1	粗加工外轮廓	T1	35°外圆刀	600	0.3
2	精加工外轮廓	T1	35°外圆刀	800	0.1
3	粗加工内轮廓	T4	内孔车刀	600	0.3
4	精加工内轮廓	T4	内孔车刀	800	0.1
5	加工 M30×1.5 内螺纹	T5	内螺纹车刀	450	1.5
6	切断	T2	4mm 切槽刀	450	手动

(5) 工件坐标系的设定

选取工件右端面的中心点为工件坐标系的原点。

2. 编程说明

① 计算出各基点的编程坐标值,采用径向直径编程方式。如图2-4-9所示,点A至点H为外轮廓的精加工路径,点I至点N为内轮廓的精加工路径,根据零件图尺寸标出外轮廓精加工刀位点代号A、B、C、D、E、F、G、H、I、J、K、L、M和N,如表2-4-2所示。

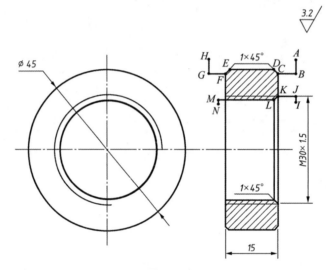

图2-4-9

M30 × 1.5 内螺纹尺寸计算:

螺纹大径:D = 公称直径 = 30

螺纹小径:d = 公称直径 $- 1.2P = 30 - 1.2 \times 1.5 = 28.2$

表2-4-2　精加工刀径点

点位	坐标点
A	(55,5)
B	(43,5)
C	(43,0)
D	(45,−1)
E	(45,−14)
F	(43,−15)
G	(43,−19)

续表

点位	坐标点
H	$(55, -19)$
I	$(26, 5)$
J	$(30.2, 5)$
K	$(30.2, 0)$
L	$(28.2, -1)$
M	$(28.2, -17)$
N	$(26, -17)$

② 参考程序如下:

```
O0001;
N1;(外轮廓粗加工)
M03 S600 T0101;
G00 X55.0 Z5.0;
G71 U1.0 R0.5;
G71 P10 Q20 U0.3 W0 F0.3;
N10 G00 X43.0;
    G01 X43.0 F0.1;
        Z0;
        X45.0 Z-1.0;
        Z-14.0;
        X43.0 Z-15.0;
        Z-19.0;
N20 X55.0;
G28 U0 W0;
M05;
M00;
N2;(外轮廓精加工)
M03 S800 T0101;
G00 X55.0 Z5.0;
G70 P10 Q20;
G28 U0 W0;
M05;
M00;
N3;(内轮廓粗加工)
```

```
M03 S600 T0404;
G00 X26.0 Z5.0;
G71 U1.0 R0.5;
G71 P30 Q40 U－0.3 W0 F0.3;
N30 G00 X30.2;
    G01 Z0 F0.1;
        Z－17.0;
N40     X26.0;
G28 U0 W0;
M05;
M00;
N4;（内轮廓精加工）
M03 S800 T0404;
G00 X26.0 Z5.0;
G70 P30 Q40;
G28 U0 W0;
M05;
M00;
N5;（内螺纹加工）
M04 S450 T0505;
G00 X26.0 Z5.0;
G92 X29.0 Z－17.0 F1.5;
    X29.5;
    X29.8;
    X29.9;
    X29.95;
    X30.0;
    X30.0;
G28 U0 W0;
M05;
M30;
```

▶▶ **项目总结**

本项目通过对圆螺母的车削加工,学习较复杂套类零件加工的工艺分析,能合理地选择 G71、G70 复合循环指令对零件的内外轮廓进行粗、精加工,掌握内螺纹的编程与测量方法,会合理安排加工步骤,掌握选择切削用量等工艺技巧,掌握内径千分尺、内径百分表和环规的使用方法。最后通过类似零件的编程训练,进一步提高编程与加工操作技巧。

本项目的学习重点为:运用 G71、G70 复合循环指令对零件的内轮廓进行粗、精加工,运用 G92 循环指令对内螺纹进行编程与加工。掌握内径千分尺、内径百分表和环规的使用方法。

▶▶ **拓展练习**

单件加工如图 2-4-10 所示的零件,毛坯为 $\phi 80$ 的棒料,材料为铝材。

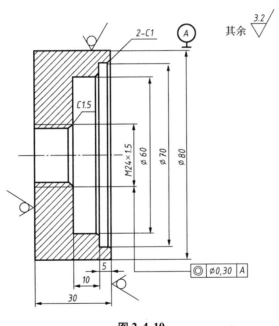

图 2-4-10

第三篇 数控车床编程与加工决战

项目一 数控车工中级职业技能鉴定技能操作试题一

▶▶ 项目目标

❖ **知识目标**

- 能够读懂零件图,明确加工要求;能够制订正确、合理的加工方案。
- 掌握典型轴类零件编程技巧。
- 掌握 G71、G73 等固定循环指令的灵活运用。
- 了解数控加工工艺的相关知识,包括刀具与夹具的选择、走刀路线的确定、切削用量的选用等。

❖ **技能目标**

- 掌握一般轴类零件调头加工的方法。
- 熟练掌握内螺纹的加工方法及测量方法。
- 掌握梯形槽的编程及加工方法。
- 能按技术要求完成零件的加工,保证零件的尺寸精度及形位精度。

▶▶ 项目任务

在数控车床上,按零件图完成零件加工操作(图 3-1-1)。

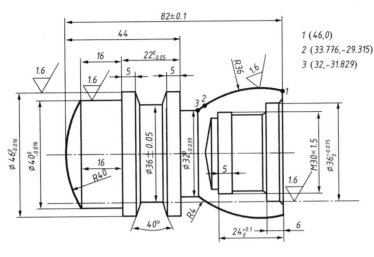

图 3-1-1

▶▶ 相关知识

1. 图样分析

如图 3-1-1 所示为数控中级工考证的一个轴类零件,工件材料选用 45#钢,毛坯选用 $\phi50 \times 85$ 的棒料。该零件的轮廓比较复杂,外轮廓主要由圆柱面、外圆凹圆弧及梯形槽等表面组成。其中多个径向尺寸、轴向尺寸有较高的尺寸精度,整个工件的表面粗糙度要求较高,大部分的表面粗糙度为 $Ra1.6\mu m$,其余的也不能超过 $Ra3.2\mu m$。零件图尺寸标注完整,符合数控加工尺寸标注要求,零件轮廓描述清楚完整,无热处理和硬度要求。

2. 夹具的选择(确定装夹等方案)

根据该零件的加工特点,在加工中需要进行二次装夹。第一次用三爪自定心卡盘装夹右端 $\phi50$ 毛坯外径,以棒料的轴心线为定位基准,校正、夹紧,保证工件伸出的长度大于 50mm。加工工件左端面的 $\phi40$、$\phi46$ 外轮廓以及梯形槽,加工结束后,调头装夹,夹住左端 $\phi40$ 圆柱面,加工工件右端的外轮廓、内孔及 $M30 \times 1.5$ 的内螺纹。

3. 量具的准备

根据本零件所需要测量的尺寸要素及精度要求,测量本零件时可选用的量具有游标卡尺、外径千分尺、内径百分表和 $M30 \times 1.5$ 内螺纹塞规。

4. 刀具及切削参数的选择

刀具及切削参数如表 3-1-1 所示。

表 3-1-1　刀具及切削参数

工步号	工步内容	选用刀具	主轴转速 /（r/min）	进给速度 /（mm/r）	背吃刀量 /mm
1	车工件左端面	35°外圆车刀	800	手动	0.3
2	粗车工件左端面外轮廓 $\phi40$、$\phi46$、$R40$ 圆弧	35°外圆车刀	600	0.3	1
3	精车工件左端面外轮廓 $\phi40$、$\phi46$、$R40$ 圆弧	35°外圆车刀	800	0.1	0.3
4	车梯形槽	外切槽刀	280	0.15	
5	掉头装夹车左端面,取总长 82	35°外圆车刀	800	手动	0.3
6	钻中心孔	A3 中心钻	600	手动	1.5
7	钻孔	$\phi20$	300	手动	9
8	粗车工件右端面内孔 $\phi36$、螺纹小径	内孔车刀	500	0.3	1
9	精车工件右端面内孔 $\phi36$、螺纹小径	内孔车刀	600	0.1	0.3
10	车 M30×1.5 内螺纹	内螺纹车刀	450	1.5	
11	粗车工件右端面外轮廓 $\phi32$、$R36$ 圆弧	35°外圆车刀	600	0.3	1
12	精车工件右端面外轮廓 $\phi32$、$R36$ 圆弧	35°外圆车刀	800	0.1	0.3

5. 编程说明

（1）先加工零件左端

根据图 3-1-2 所标尺寸,运用三角函数计算得 A、B、C、D 四点坐标分别为 $A(X46.0, Z-27.0)$、$B(X36.0, Z-28.82)$、$C(X36.0, Z-37.18)$、$D(X46.0, Z-39.0)$。

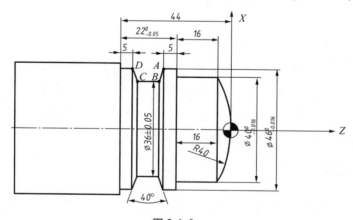

图 3-1-2

参考程序如下：

```
O1001;
N1;
M03 S600 T0101;
G00 X55.0 Z5.0;
G71 U1.0 R0.5;
G71 P10 Q20 U0.3 W0 F0.3;
N10 G00 X0;
    G01 Z0 F0.1;
    G03 X40.0 Z-6.0 R40.0;
    G01 Z-22.0;
        X46.0;
        Z-45.0;
N20    X55.0;
G28 U0 W0;
M05;
M00;
N2;
M04 S800T0101;
G00 X55.0 Z5.0;
G70 P10 Q20;
G28 U0 W0;
M05;
M00;
N3;
M04 S450 T0202;
G00 X55.0 Z5.0;
G01 Z-37.18 F0.1;
    X36.0;
    X55.0;
    Z-35.18;
    X36.0;
    X55.0;
    Z-32.82;
    X36.0;
    X55.0;
```

```
    Z -31.0;
    X46.0;
    X36.0 Z -32.82;
    X55.0;
    Z -39.0;
    X46.0;
    X36.0 Z -37.18;
    Z -32.82;
    X55.0;
G28 U0 W0;
M05;
M30;
```

(2) 再加工零件右端

调头装夹后再加工零件右端,加工参考程序如下:

```
O3002;
N1;
M03 S600 T0101;
G00 X55.0 Z5.0;
G73 U9.0 W0 R9;
G73 P10 Q20 U0.3 W0 F0.3;
N10 G00 X46.0;
    G01 Z0 F0.1;
    G03 X33.776 Z -29.315 R36.0;
    G02 X32.0 Z -31.829 R4.0;
    G01 Z -38.0;
N20    X55.0;
M05;
M00;
N2;
M03 S800 T0101;
G00 X55.0 Z5.0;
G70 P10 Q20;
G28 U0 W0;
M05;
M00;
```

N3；

M04 S600 T0404；

G00 X20.0 Z5.0；

G71 U1.0 R0.5；

G71 P30 Q40 U−0.3 W0 F0.3；

N30 G00 X38.0；

　　G01 Z0 F0.1；

　　　　X36.0 Z−1.0；

　　　　Z−8.0；

　　　　X32.2；

　　　　X28.2 Z−10.0；

　　　　Z−24.0；

N40　　X20.0；

G28 U0 W0；

M05；

M00；

N4；

M04 S450 T0404；

G00 X20.0 Z5.0；

G70 P30 Q40；

G28 U0 W0；

M05；

M00；

N5；

M04 S450 T0505；

G00 X20.0 Z5.0；

G92 X29.0 Z−22.0 F1.5；

　　X29.5；

　　X29.8；

　　X29.9；

　　X29.95；

　　X30.0；

　　X30.0；

G28 U0 W0；

M05；

M30；

▶▶ **项目实施**

1. 零件的数控车削仿真加工

(1) 仿真软件程序启动

单击桌面上的图标 ,进入数控加工仿真系统。在主菜单栏中选择"机床"→ "选择机床",弹出"选择机床"对话框,控制系统选择"FANUC"→"FANUC 0i Mate",机床类型选择"车床"→"沈阳机床厂",选择完毕后单击"确定"按钮,进入"数控加工仿真系统"机床界面。

(2) 机床启动

① 单击操作面板上的"电源开"按钮, 指示灯变亮。

② 松开"急停"按钮,使之呈 状态。

(3) 车床回零

检查操作面板,在 模式下,先沿 X 轴回原点,再沿 Z 轴回原点,分别单击

中的 $+X$、$+Z$,随即指示灯变亮,CRT 上的 X 坐标变为"390.00",Z 坐标变为"300.00"。

(4) 程序输入

① 按 键,选择编辑工作方式。

② 按 PROG 键,显示程序画面。

③ 在数控系统操作面板上输入 O0001,按 INSERT 键确认,建立一个新的程序号,再按 EOB/E 键换行,即可输入程序的内容。

④ 每输入一个程序句后按 EOB/E 键,表示语句结束,然后按 INSERT 键,将该程序段

插入程序中。

（5）**图形模拟**

① 按操作面板上的 自动 键,将工作方式切换到自动加工状态下。

② 按编辑面板 MDI 键盘上的 键,进入图形模拟页面,单击操作面板上的"循环启动"按钮 ,即可观察加工程序的运行轨迹,如图 3-1-3 和图 3-1-4 所示。

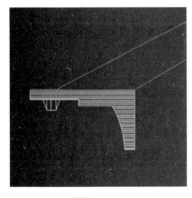 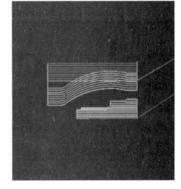

图 3-1-3　　　　　　　　　　　　图 3-1-4

（6）**工件安装**

① 毛坯定义。

在主菜单栏中选择"零件"→"定义毛坯"命令,弹出"定义毛坯"对话框,毛坯尺寸如图 3-1-5 所示,选择完毕后单击"确定"按钮。

② 毛坯选择。

在主菜单栏中选择"零件"→"放置零件"选项,在弹出的"选择零件"对话框中选择名称为"毛坯 1"的零件,选择完毕后单击"确定"按钮。界面上的仿真机床上会显示出安装的零件,同时弹出控制零件左右移动的操作框,单击"退出"按钮,关闭该操作框,此时零件安装结束。

③ 零件显示。

在当前状态下右击,在弹出的快捷菜单中选择"选项"命令,弹出"视图选项"对话框,根据要显示的部位进行相应的调整,在"零件显示方式"区域点选"剖面(车床)"单选按钮,再点选"半剖(下)"单选按钮,然后单击"确定"按钮即可,此时主显示界面上的零件显示为半剖模式,如图 3-1-6 所示。

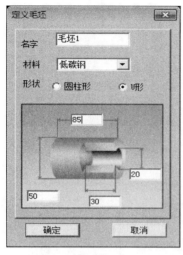

图 3-1-5

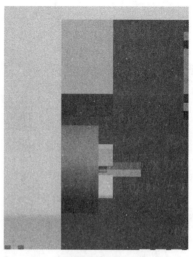

图 3-1-6

（7）刀具安装

在主菜单栏中选择"机床"→"选择刀具"选项,弹出"刀具选择"对话框(图 1-3-23)。1 号工位装外圆刀,刀具几何角度如图 1-3-25 所示;2 号工位装外切槽刀,刀具几何角度如图 3-1-7 所示;4 号工位装内孔刀,刀具几何角度如图 3-1-8 所示;5 号刀位装内螺纹刀,刀具几何角度如图 3-1-9 所示。

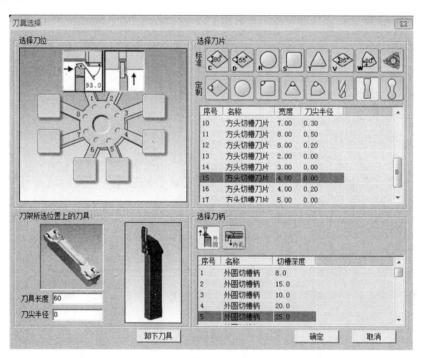

图 3-1-7

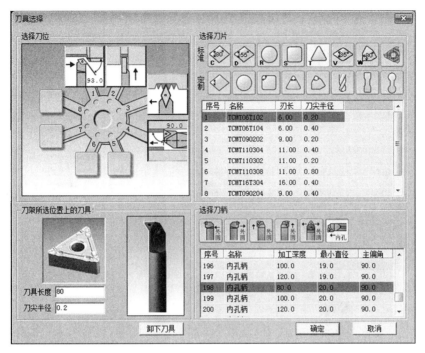

图 3-1-8

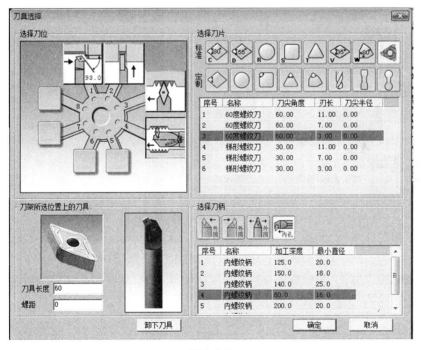

图 3-1-9

（8）对刀操作

① T01 号外圆车刀的设置（试切法）。

在对刀、加工过程中,为了方便数控车床在 X、Z 方向上运动,正常观察机床的俯视图,单击主菜单中的俯视图 按钮。

a. 切削外径。

在操作面板中按 键,进入手动操作方式状态,按 键,使主轴正转。按

 键,移动坐标轴,将刀具移动到工件附近。在操作面板上按 手摇 键,再按 手轮

键,显示 手摇控制面板,鼠标光标对准"轴选择"旋钮,单击左键或右键,选择坐标轴。鼠标光标对准手轮,单击左键或右键,精确控制机床的移动。在"手摇"模式下,当控制面板上 x1 灯亮时每一小格移动的距离为 0.001mm,当 x10 灯亮时每一小格移动的距离为 0.01mm,当 x100 灯亮时每一小格移动的距离为 0.1mm,当 x1000 灯亮时每一小格移动的距离为1mm。先在工件外圆试切一刀,如图 3-1-10 所示,沿" $+Z$"方向退刀。按 主轴 停 键,主轴停转。

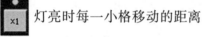

图 3-1-10

b. 测量切削位置的直径。

在主菜单栏中选择"测量"选项中的"剖面图测量",如图 3-1-11 所示,弹出提示框,提示"是否保留半径小于1的圆弧?"(图 3-1-12),单击"否"按钮,弹出"车床工件测量"对话框。单击外圆加工部位,选中部位变色并显示出实际尺寸,同时对话框下侧相应尺寸参数变为蓝色亮条显示,如图 3-1-13 所示。

图 3-1-11

图 3-1-12

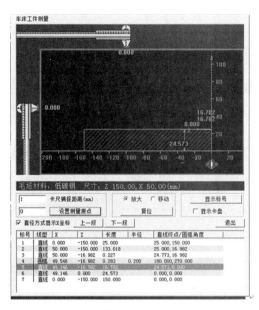

图 3-1-13　　　　　　　　　　　　　　　　　图 3-1-14

c. 按编辑面板 MDI 键盘上的 键,进入"工具补正"页面,按显示屏内下端"形状"键,进入刀补界面。按 键,使光标移动到番号为 01 的位置,在控制面板上输入"X49.146",如图 3-1-14 所示,单击"测量"软键,输入 X 轴坐标,系统自动换算出 X 轴相应坐标值。

d. 车削端面。

按  键,使主轴正转。按  键,移动坐标轴,将刀具移动到工件附近。在"手摇"模式下,车削端面,沿"$+X$"方向退刀。在操作面板上按  键,使主轴停止转动。

e. 按编辑面板 MDI 键盘上的 键,进入"工具补正"页面,按显示屏内下端"形状"键,进入刀补界面,如图 3-1-15 所示。按 键,使光标移动到番号为 01 的位置,在控制面板上输入"Z0",单击"测量"软键,输入 Z 轴坐标,系统自动换算出 Z 轴相应坐标值。

② 用上述方法,完成 T02 号刀、T04 号刀、T05 号刀的对刀与偏移设置。

图 3-1-15

（9）自动加工

① 按机床操作面板上的 键，将工作方式切换到自动加工状态。

② 按数控系统操作面板上的 PROG 键，切换到程序界面，单击操作面板上的 按钮，即可进行自动加工，如图 3-1-16 所示。

③ 加工完零件右端后，在主菜单栏中选择"零件"→"移动零件"选项，弹出"零件移动"操作框，单击"零件反转"按钮 ，单击 ⬅、➡ 按钮，调整合适的装夹长度，然后单击"退出"按钮，零件调头装夹，如图 3-1-17 所示。

④ 重新对刀，重复上述过程，加工零件右端，如图 3-1-18 所示。

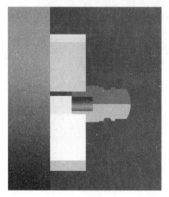
图 3-1-16

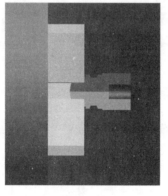
图 3-1-17

图 3-1-18

2. 零件的数控车削加工操作

（1）机床启动

① 打开总电源（机床床身左侧）。

② 打开机床控制器电源 。

③ 松开"机床急停"按钮 。

④ 机床系统启动结束，再启动"液压" 。

（2）机床回零

① 在手动 状态下，按 键，使机床刀架沿 X 轴、Z 轴向负方向移动

-100mm左右(注意先沿Z轴方向移动,后沿X轴方向移动)。

② 在回零 ![回零] 状态下,按 ![方向键] 键,使机床刀架沿X轴、Z轴向正方向移动,直至

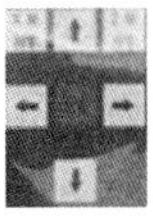

零点(注意先沿X轴方向移动,后沿Z轴方向移动)。

(3)程序输入

① 按 ![编辑] 键,选择编辑工作方式。

② 按 ![PROG] 键,显示程序画面。

③ 在数控系统操作面板上输入程序名O3001,按 ![INSERT] 键

图 3-1-19

确认,建立一个新的程序号,再按 ![EOB] 键换行,即可输入程序

的内容。

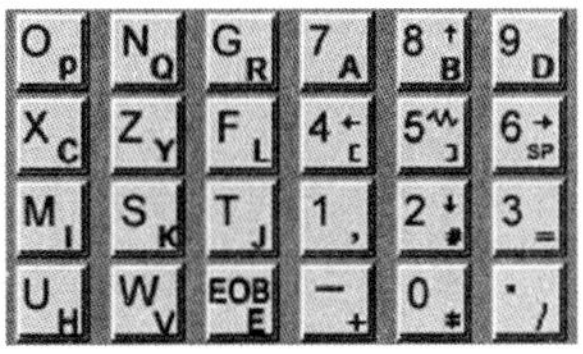

④ 每输入一个程序句后按 ![EOB] 键,表示语句结束,然后

按 ![INSERT] 键,将该程序段插入程序中。在输入程序的过程中,如出现如图3-1-19所示的

字符,先单击 ![SHIFT] 键,再单击对应的按钮。

(4)程序检查

① 将机床锁住(机床锁住、空运行灯亮),在自动状态下模拟所输入的程序,观察图形
(CSTM/GR)。

② 确认刀尖走刀轨迹正确,将机床解锁(机床锁住、空运行灯关)。

③ 重新回零[参照步骤(2)]。

④ 在编辑状态下检查程序,确认主轴转向、每把刀的定刀点,包括粗、精加工的定
刀点。

　　　外圆刀:X55.0 Z5.0　　　M03

　　　外切槽刀:X55.0 Z5.0　　　　M03

　　　内孔刀:X20.0 Z5.0　　　　M04

　　　内螺纹刀:X20.0 Z5.0　　　M04

(5)装刀

根据加工要求,选用刀具,装在刀架适当刀位上。

(6)工件装夹

毛坯尺寸为$\phi 50 \times 85$,三爪自定心卡盘夹持长度大于20mm,工件伸出长度应大于工

件加工长度 5mm 以上。

(7) 对刀(建立工件坐标系)

① 外圆刀的对刀。

在 状态下,驱动主轴正转,按方向控制键 ,使工件快速靠近工件后,切换至"手摇"模式,Z 方向对刀,在毛坯的端面车削至中心,沿 X 方向退刀,保持 Z 方向不变。按 键,进入形状补偿参数设定界面,将光标移动至相对应的刀具号,输入"Z0",按"测量"软键,Z 方向对刀的数值自动输入。X 方向对刀,用车刀试车一外径,沿 Z 轴方向退出,保持 X 方向不变。按 键,测量外圆直径后在形状补偿参数设定界面内输入测量直径值,按"测量"软键,X 方向对刀的数值自动输入。

② 用上述方法,完成外切槽刀、内螺纹刀、内孔刀的对刀。

(8) 对刀检测

① 外圆刀、外切槽刀、内螺纹刀的对刀检测。

在 MDI 状态下的 PROG 中输入指令"T0X0X;G00 Z100.0;X50.0;",单击"单段""进给倍率 25%"按钮,使其显示灯点亮,再按"循环启动"按钮运行程序,观察刀具在工件坐标系中的位置是否正确。

② 内孔刀的对刀检测。

在 MDI 状态下的 PROG 中输入指令"T0X0X;G00 Z100.0;X20.0;",单击"单段""进给倍率 25%"按钮,使其显示灯点亮,再按"循环启动"按钮运行程序,观察刀具在工件坐标系中的位置是否正确。

(9) 零件加工

① 在磨耗补偿参数设定界面对应刀号内输入磨耗值。

② 在编辑模式下调出要加工的程序,光标停留在程序号位置。

③ 单击"单段""进给倍率 25%"按钮,使其显示灯点亮后,在自动模式下启动程序。

④ 当程序执行到定刀点后(如外轮廓 X55.0、Z5.0),再次确认刀具在工件坐标系中的位置是否正确。

⑤ 取消"单段",再次单击"程序启动"按钮,开始加工零件。

⑥ 在加工过程中手要放在"进给保持"按钮边上或"RESET"按钮上,以确保若加工过程中出现问题,第一时间停止加工。

⑦ 根据测量结果,修改磨耗值,直至加工到符合图纸要求为止。

(10) 零件检测

工件加工结束后,对工件进行检测,将检测结果填入评分表。

序号	项目	考核内容		配分		检测结果	得分
				IT	Ra		
1	外圆	$\phi 46^0_{-0.016}$	$Ra1.6$	5	1		
2		$\phi 46^0_{-0.016}$	$Ra1.6$	5	1		
3		$\phi 32^0_{-0.039}$	$Ra1.6$	5	1		
4	圆弧	$R40$	$Ra3.2$	3	1		
		$R36$	$Ra1.6$	3	1		
5	内孔	$\phi 36^{+0.075}_0$	$Ra1.6$	5	1		
6	螺纹	$M30 \times 1.5$	$Ra3.2$	5	1		
7	梯形槽	$40°$	$Ra1.6$	3			
8		$\phi 36 \pm 0.05$	$Ra3.2$	3			
9		侧面对称	$Ra1.6$	1	1		
10	长度	82 ± 0.1		3			
11		$24^{+0.1}_0$		2			
12		$22^0_{-0.05}$		2			
13	其他	轮廓形状有无缺陷		4			
14		倒角、倒钝		3			
15		加工准备及工艺制订		10			
16		数控编程		20			
17		数控车床操作与工量刃具使用		5			
18		数控车床维护与精度检验		5			
	合　计			100			

评分标准:尺寸和形状位置精度每超差0.01mm扣2分,达不到规定要求的粗糙度时该项不得分。
否定项:零件上有未加工形状或形状错误的,此零件视为不合格。

▶▶ 项目总结

　　通过本项目的学习,主要目的是让读者了解数控车床中级操作工考证的相关内容,掌握数控车床的基础知识、操作方法和基本技能。

　　对于中级数控车床操作工而言,能设计较复杂的数控加工工艺,编制程序,具备现场技术分析和处理的基本技能,遵守职业道德,做到安全文明生产。

　　通过本项目的实训,能对工件进行工艺分析、编程及加工,了解中级数控车床操作的职业技能(工艺准备、编程技术、工件加工、精度检验及误差分析、机床维护、管理工作等)、工作内容和相关要求等。

项目二　数控车工中级职业技能鉴定技能操作试题二

▶▶ 项目目标

❖ 知识目标
- 能够读懂零件图,明确加工要求;能够制订正确、合理的加工方案。
- 掌握典型轴类零件编程技巧。
- 掌握 G71、G73 等固定循环指令的灵活运用。
- 了解数控加工工艺的相关知识,包括刀具与夹具的选择、走刀路线的确定、切削用量的选用等。

❖ 技能目标
- 能够读懂零件图,明确加工要求;能够制订正确、合理的加工方案。
- 掌握一般轴类零件调头加工的方法。
- 掌握梯形槽的编程及加工方法。
- 熟练掌握外螺纹的加工方法及测量方法。
- 能按技术要求完成零件的加工,保证零件的尺寸精度及形位精度。

▶▶ 项目任务

在数控车床上,按零件图完成零件加工操作(图 3-2-1)。

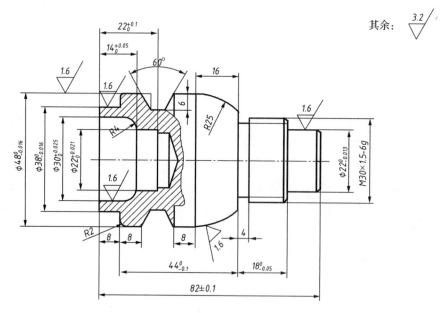

图 3-2-1

▶▶ **相关知识**

1. 图样分析

如图 3-2-1 所示为数控中级工考证题库中的一个工件,工件材料选用 45# 钢,毛坯选用 $\phi50 \times 85$ 的棒料。该零件的轮廓比较复杂,外轮廓主要由圆柱面、外圆凹圆弧及梯形槽等表面组成。其中多个径向尺寸、轴向尺寸有较高的尺寸精度,整个工件的表面粗糙度要求较高,大部分的表面粗糙度为 $Ra1.6\mu m$,其余的也不能超过 $Ra3.2\mu m$。零件图尺寸标注完整,符合数控加工尺寸标注要求,零件轮廓描述清楚完整,无热处理和硬度要求。

2. 夹具的选择(确定装夹等方案)

根据该零件的加工特点,在加工中需要进行二次装夹。第一次用三爪自定心卡盘装夹右端毛坯外径,以棒料的轴心线为定位基准,校正、夹紧,保证工件伸出的长度大于 40mm。加工工件左端面的 $\phi38$、$\phi48$ 外轮廓圆柱面以及梯形槽,加工结束后,调头装夹,夹住左端 $\phi38$ 的圆柱面,加工工件右端的外轮廓及螺纹。

3. 量具的准备

根据本零件所需要测量的尺寸要素及精度要求,测量本零件时可选用的量具有游标卡尺、外径千分尺、内径百分表和 M30 × 1.5 外螺纹环规。

4. 刀具及切削参数的选择

刀具及切削参数如表 3-2-1 所示。

表 3-2-1　刀具及切削参数

工步号	工步内容	选用刀具	主轴转速 /(r/min)	进给速度 /(mm/r)	背吃刀量 /mm
1	车工件左端面	35°外圆车刀	800	手动	0.3
2	钻中心孔	A3 中心钻	600	手动	1.5
3	钻孔	$\phi20$	300	手动	9
4	粗车工件左端面内孔 $\phi22$、$\phi30$	内孔车刀	500	0.3	1
5	精车工件左端面内孔 $\phi22$、$\phi30$	内孔车刀	600	0.1	0.3
6	粗车工件左端面外轮廓 $\phi38$、$\phi48$、$R25$ 圆弧	35°外圆车刀	600	0.3	1
7	精车工件左端面外轮廓 $\phi38$、$\phi48$、$R25$ 圆弧	35°外圆车刀	800	0.1	0.3
8	车梯形槽	外切槽刀	280	0.1	
9	掉头装夹车左端面,取总长 82	35°外圆车刀	800	手动	0.3
10	粗车工件右端面外轮廓 $\phi22$、螺纹大径	35°外圆车刀	600	0.3	1

续表

工步号	工步内容	选用刀具	主轴转速 /(r/min)	进给速度 /(mm/r)	背吃刀量 /mm
11	精车工件右端面外轮廓 $\phi22$、螺纹大径	35°外圆车刀	800	0.1	0.3
12	车 4×2 退刀槽	外切槽刀	280	0.15	
13	车 M30×1.5 外螺纹	外螺纹刀	450	1.5	

5. 编程说明

① 对工件左端进行编程分析。

根据图 3-2-2 所标尺寸,运用三角函数计算得 A、B、C、D 四点坐标分别为

$$A(X48.0, Z-16.0) \qquad B(X36.0, Z-19.46)$$
$$C(X36.0, Z-24.54) \qquad D(X48.0, Z-28.0)$$

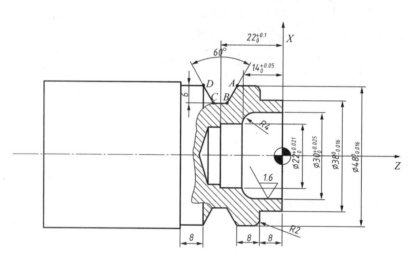

图 3-2-2

参考程序如下:

```
O2001;
N1;
M04 S600 T0101;
G00 X55.0 Z5.0;
G73 U8.0 W0 R8;
G73 P10 Q20 U0.3 W0 F0.3;
N10 G00 X38.0;
    G01 Z-8.0 F0.1;
        X46.0;
        X48.0 Z-9.0;
```

```
        Z -36.0;
    G03 X34.2 Z -53.0 R25.0;
N20 G00 X55.0;
G28 U0 W0;
M05;
M00;
N2;
M04 S800 T0101;
G00 X55.0 Z5.0;
G70 P10 Q20;
G28 U0 W0;
M05;
M00;
N3;
M04 S450 T0202;
G00 X55.0 Z5.0;
G01 Z -24.54 F0.1;
    X36.0;
    X55.0;
    Z -23.46;
    X36.0;
    X55.0;
    Z -20.0;
    X48.0;
    X36.0 Z -23.46;
    X55.0;
    Z -28.0;
    X48.0;
    X36.0 Z -24.54;
    X55.0;
G28 U0 W0;
M05;
M00;
N4;
M04 S600 T0404;
G00 X20.0 Z5.0;
```

```
G71 U1.0 R0.5;

G71 P30 Q40 U -0.3 W0 F0.3;

N30 G00 X30.0;

    G01 Z -10.0 F0.1;

    G03 X22.0 Z -14.0 R4.0;

    G01 Z -22.0;

N40 X20.0;

G28 U0 W0;

N5;

M04 S800 T0404;

G00 X20.0 Z5.0;

G70 P30 Q40;

G28 U0 W0;

M05;

M30;
```

② 调头装夹后加工参考程序如下：

```
O2002;

N1;

M04 S600 T0101;

G00 X55.0 Z5.0;

G71 U1.0 R0.5;

G71 P10 Q20 U0.3 W0 F0.3;

N10 G00 X20.0;

    G01 Z0 F0.1;

        X22.0 Z -1.0;

        Z -12.0;

        X26.85;

        X29.85 Z -13.5;

        Z -30.0;

N20     X55.0;

G28 U0 W0;

M05;

M00;

N2;

M04 S800 T0101;

G00 X55.0 Z5.0;
```

```
G70 P10 Q20;

G28 U0 W0;

M05;

M00;

N3;

M03 S450 T0202;

G00 X55.0 Z5.0;

G01 Z -30.0 F0.1;

    X26.0;

    X55.0;

G28 U0 W0;

M05;

M00;

N4;

M04 S450 T0303;

G00 X55.0 Z5.0;

G92 X29.05 Z -28.0 F1.5;

    X28.55;

    X28.25;

    X28.15;

    X28.1;

    X28.05;

    X28.05;

G28 U0 W0;

M05;

M30;
```

▶▶ 项目实施

1. 零件的数控车削仿真加工

（1）仿真软件程序启动

单击桌面上的图标 ，进入数控加工仿真系统。在主菜单栏中选择"机床"→"选择机床"，弹出"选择机床"对话框，控制系统选择"FANUC"→"FANUC 0i Mate"，机床类型选择"车床"→"沈阳机床厂"，选择完毕后单击"确定"按钮，进入"数控加工仿真系统"机床界面。

（2）机床启动

① 单击操作面板上的"电源开"按钮， 指示灯变亮。

② 松开"急停"按钮，使之呈 状态。

（3）车床回零

检查操作面板，在 模式下，先沿 X 轴回原点，再沿 Z 轴回原点，分别单击

 中的 $+X$、$+Z$，随即指示灯变亮 ，CRT 上的 X 坐标变为"390.00"，Z 坐标

变为"300.00"。

（4）程序输入

① 按 编辑 键，选择编辑工作方式。

② 按 PROG 键，显示程序画面。

③ 在数控系统操作面板上输入 O0001，按 INSERT 键确认，建立一个新的程序号，再按

EOB E 键换行，即可输入程序的内容。

④ 每输入一个程序句后按 EOB E 键，表示语句结束，然后按 INSERT 键，将该程序段

插入程序中。

（5）图形模拟

① 按操作面板上的 自动 键，将工作方式切换到自动加工状态下。

② 按编辑面板 MDI 键盘上的 CUSTOM GRAPH 键，进入图形模拟页面，单击操作面板上的

循环 启动 按钮，即可观察到加工程序的运行轨迹，如图 3-2-3 和图 3-2-4 所示。

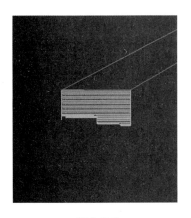

图 3-2-3

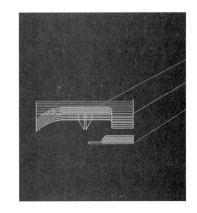

图 3-2-4

（6）工件安装

① 毛坯定义。

在主菜单栏中选择"零件"→"定义毛坯"，弹出"定义毛坯"对话框，如图 3-2-5 所示，选择完毕后单击"确定"按钮。

② 毛坯选择。

在主菜单栏中选择"零件"→"放置零件"选项，在弹出的"选择零件"对话框中选择名称为"毛坯 1"的零件，选择完毕后单击"确定"按钮。界面上的仿真机床上会显示出安装的零件，同时弹出控制零件左右移动的操作框，单击"退出"按钮，关闭该操作框，此时零件安装结束。

图 3-2-5

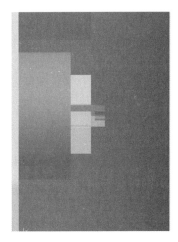

图 3-2-6

③ 零件显示。

在当前状态下右击，在弹出的快捷菜单中选择"选项"命令，弹出"视图选项"对话框。在"视图选项"对话框中根据要显示的部位进行相应的调整，在"零件显示方式"区域点选"剖面（车床）"单选按钮，再点选"半剖（下）"单选按钮，然后单击"确定"按钮即可，此时主显示界面上的零件显示为半剖模式，如图 3-2-6 所示。

(7) 刀具安装

在主菜单栏中选择"机床"→"选择刀具"选项,弹出"刀具选择"对话框。1 号工位装外圆刀,刀具参数如图 1-3-25 所示;2 号工位装外切槽刀,刀具参数如图 3-1-7 所示;3 号工位装外螺纹刀,刀具参数如图 3-2-7 所示;4 号工位装内孔刀,刀具参数如图 3-1-8 所示。

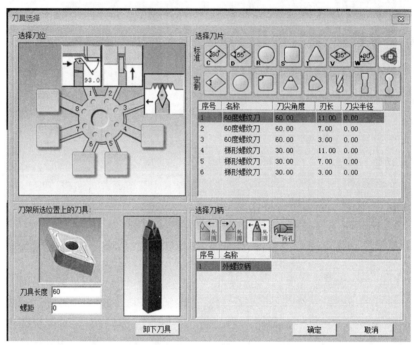

图 3-2-7

(8) 对刀操作

① T01 号外圆车刀的设置(试切法)。

在对刀、加工过程中,为了方便数控车床在 X、Z 方向上运动,正常观察机床的俯视图,单击主菜单中的俯视图 按钮。

a. 切削外径。

在操作面板上按 键,进入手动操作方式状态,按 键,使主轴正转。按

键,移动坐标轴,将刀具移动到工件附近。在操作面板上按 键,再按 键

键,显示 手摇控制面板,鼠标光标对准"轴选择"旋钮,单击左键或右键,选择

坐标轴。鼠标光标对准手轮,单击左键或右键,精确控制机床的移动。在"手摇"模式下,当控制面板上 灯亮时每一小格移动的距离为0.001mm,当 灯亮时每一小格移动的距离为0.01mm,当 灯亮时每一小格移动的距离为0.1mm,当 灯亮时每一小格移动的距离为1mm。先在工件外圆试切一刀,如图3-1-10所示,沿"+Z"方向退刀。按 键,主轴停转。

b. 测量切削位置的直径。

在主菜单栏中选择"测量"中的"剖面图测量"选项,如图3-1-11所示,弹出提示框,提示"是否保留半径小于1的圆弧?"(图3-1-12),单击"否"按钮,弹出"车床工件测量"对话框。单击外圆加工部位,选中部位变色并显示出实际尺寸,同时对话框下侧相应尺寸参数变为蓝色亮条显示,如图3-1-13所示。

c. 按编辑面板MDI键盘上的 键,进入"工具补正"页面,按显示屏内下端"形状"键,进入刀补界面。按 键,使光标移动到番号为01的位置,在控制面板上输入"X49.146"。单击"测量"软键,输入 X 轴坐标,系统自动换算出 X 轴相应坐标值。

d. 车削端面。

按 键,使主轴正转。按 键,移动坐标轴,将刀具移动到工件附近。在"手摇"模式下,车削端面,沿"+X"方向退刀。在操作面板上按 键,使主轴停止转动。

e. 按编辑面板MDI键盘上的 键,进入"工具补正"页面,按显示屏内下端"形状"键,进入刀补界面。按 键,使光标移动到番号为01的位置,在控制面板上输入"Z0",单击"测量"软键,输入 Z 轴坐标,系统自动换算出 Z 轴相应坐标值。

② 用上述方法,完成T02号刀、T03号刀、T04号刀的对刀与偏移设置。

(9) 自动加工

① 按机床操作面板上的 键,将工作方式切换到自动加工状态。

② 按数控系统操作面板上的 键,切换到程序界面,单击操作面板上的 按钮,即可进行自动加工,如图 3-2-8 所示。

图 3-2-8

③ 加工完零件右端后,在主菜单栏中选择"零件"→"移动零件"选项,弹出"零件移动"操作框,单击"零件反转"按钮 ,单击 、 按钮,调整合适的装夹长度,然后单击"退出"按钮,零件调头装夹,如图3-2-9 所示。

④ 重新对刀,重复上述过程,加工零件右端,如图 3-2-10 所示。

图 3-2-9

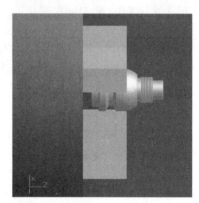

图 3-2-10

2. 零件的数控车削加工操作

(1) 机床启动

① 打开总电源(机床床身左侧) 。

② 打开机床控制器电源 。

③ 松开"机床急停"按钮 。

④ 机床系统启动结束,再启动"液压" 。

（2）机床回零

① 在手动 [手动] 状态下，按 [←→↑↓] 键，使机床刀架沿 X 轴、Z 轴向负方向移动 –100mm 左右（注意先沿 Z 轴方向移动，后沿 X 轴方向移动）。

② 在回零 [回零] 状态下，按 [←→↑↓] 键，使机床刀架沿 X 轴、Z 轴向正方向移动，直至零点（注意先沿 X 轴方向移动，后沿 Z 轴方向移动）。

（3）程序输入

① 按 [编辑] 键，选择编辑工作方式。

② 按 [PROG] 键，显示程序画面。

③ 在数控系统操作面板上输入程序名 O3001，按 [INSERT] 键确认，建立一个新的程序号，再按 [EOB E] 键换行，即可输入程序的内容。

④ 每输入一个程序句后按 [EOB E] 键，表示语句结束，然后按 [INSERT] 键，将该程序段输入程序中。在输入程序的过程中，如出现如图 3-1-19 所示的字符，先单击 [SHIFT] 键，再单击相对应的按钮。

（4）程序检查

① 将机床锁住（机床锁住、空运行灯亮），在自动状态下模拟所输入的程序，观察图形（CSTM/GR）。

② 确认刀尖走刀轨迹正确，将机床解锁（机床锁住、空运行灯关）。

③ 重新回零（参照步骤（2））。

④ 在编辑状态下检查程序，确认主轴转向、每把刀的定刀点，包括粗、精加工的定刀点。

```
外圆刀:X55.0 Z5.0      M03
外切槽刀:X55.0 Z5.0       M03
外螺纹刀:X55.0 Z5.0    M04
内孔刀:X20.0 Z5.0      M04
```

（5）装刀

根据加工要求，选用刀具，装在刀架适当刀位上。

（6）工件装夹

毛坯尺寸为 $\phi 50 \times 85$，三爪自定心卡盘夹持长度大于 20mm，工件伸出长度应大于工件加工长度 5mm 以上。

（7）对刀（建立工件坐标系）

① 外圆刀的对刀。

在 状态下，驱动主轴正转，按方向控制键 ，使工件快速靠近工件后，切换至"手摇"模式，Z 方向对刀，在毛坯的端面车削至中心，沿 X 方向退刀，保持 Z 方向不变。按 键，进入形状补偿参数设定界面，将光标移动至相对应的刀具号，输入"Z0"，按"测量"软键，Z 方向对刀的数值自动输入。X 方向对刀，用车刀试车一外径，沿 Z 轴方向退出，保持 X 方向不变。按 键，测量外圆直径后在形状补偿参数设定界面内输入测量直径值，按"测量"软键，X 方向对刀的数值自动输入。

② 用上述方法，完成外切槽刀、外螺纹刀、内孔刀的对刀。

（8）对刀检测

① 外圆刀、外切槽刀、外螺纹刀的对刀检测。

在 MDI 状态下的 PROG 中输入指令"T0X0X；G00 Z100.0；X50.0；"，按下"单段""进给倍率 25%"按钮后，使其显示灯点亮，再按"循环启动"按钮运行程序，观察刀具在工件坐标系中的位置是否正确。

② 内孔刀的对刀检测。

在 MDI 状态下的 PROG 中输入指令"T0X0X；G00 Z100.0；X20.0；"，按下"单段""进给倍率 25%"按钮后，使其显示灯点亮，再按"循环启动"按钮运行程序，观察刀具在工件坐标系中的位置是否正确。

（9）零件加工

① 在磨耗补偿参数设定界面对应刀号内输入磨耗值。

② 在编辑模式下调出要加工的程序，光标停留在程序号位置。

③ 按下"单段""进给倍率 25%"按钮后，使其显示灯点亮，在自动模式下启动程序。

④ 当程序执行到定刀点后（如外轮廓 X55.0、Z5.0），再次确认刀具在工件坐标系中的位置是否正确。

⑤ 取消"单段"，再次单击"程序启动"按钮，开始加工零件。

⑥ 在加工过程中手要放在"进给保持"按钮边上或"RESET"按钮上，以确保若加工过程中出现问题，第一时间停止加工。

⑦ 根据测量结果，修改磨耗值，直至加工到符合图纸要求为止。

（10）零件检测

工件加工结束后,对工件进行检测,将检测结果填入评分表。

序号	项目	考核内容		配分		检测结果	得分
				IT	Ra		
1	外圆	$\phi48^{0}_{-0.016}$	$Ra1.6$	4	1		
2		$\phi38^{0}_{-0.016}$	$Ra1.6$	4	1		
3		$\phi22^{0}_{-0.013}$	$Ra3.2$	4	1		
4	圆弧	$R25$	$Ra1.6$	3	1		
5	内孔	$\phi30^{+0.025}_{0}$	$Ra1.6$	4	1		
		$\phi22^{+0.021}_{0}$	$Ra1.6$	4	1		
6	螺纹	$M30\times1.5-6g$	$Ra3.2$	5	1		
7	梯形槽	$60°$	$Ra1.6$	2			
8		槽深6	$Ra3.2$	2	1		
9		侧面对称	$Ra1.6$	2	1		
10	长度	82 ± 0.1		2			
		$44^{0}_{-0.1}$		2			
		$18^{0}_{-0.05}$		2			
11		$22^{+0.1}_{0}$		2			
12		$14^{+0.05}_{0}$		2			
13	其他	轮廓形状有无缺陷		4			
14		倒角、倒钝		3			
15		加工准备及工艺制订		10			
16		数控编程		20			
17		数控车床操作与工量刃具使用		5			
18		数控车床维护与精度检验		5			
		合　计		100			

评分标准:尺寸和形状位置精度每超差0.01mm扣2分,达不到规定要求的粗糙度时该项不得分。

否定项:零件上有未加工形状或形状错误的,此零件视为不合格。

▶▶ 项目总结

通过本项目的学习,主要目的是让读者了解数控车床中级操作工考证的相关内容,掌握数控车床的基础知识、操作方法和基本技能。

对于中级数控车床操作工而言,要能设计较复杂的数控加工工艺,编制程序,具备现场技术分析和处理的基本技能,遵守职业道德,做到安全文明生产。

通过本项目的实训,能对工件进行工艺分析、编程及加工,了解中级数控车床操作的职业技能(工艺准备、编程技术、工件加工、精度检验及误差分析、机床维护、管理工作等)、工作内容和相关要求等。

项目三 数控车工中级职业技能鉴定技能操作试题三

▶▶ 项目目标

❖ 知识目标
- 掌握典型轴类零件编程技巧。
- 掌握 G71、G73 等固定循环指令的灵活运用。
- 了解数控加工工艺的相关知识,包括刀具与夹具的选择、走刀路线的确定、切削用量的选用等。

❖ 技能目标
- 能够读懂零件图,明确加工要求;能够制订正确、合理的加工方案。
- 掌握一般轴类零件调头加工的方法。
- 熟练掌握外螺纹的加工方法及测量方法。
- 能按技术要求完成零件的加工,保证零件的尺寸精度及形位精度。

▶▶ 项目任务

在数控车床上,按零件图完成零件加工操作(图 3-3-1)。

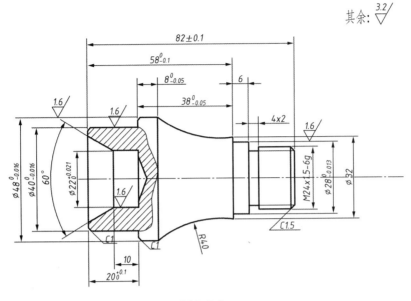

图 3-3-1

▶▶ 相关知识

1. 图样分析

如图 3-3-1 所示为数控中级工考证题库中的一个工件,工件材料选用45#钢,毛坯选用 $\phi50 \times 85$ 的棒料。该零件的轮廓比较复杂,外轮廓主要由圆柱面、外圆凹圆弧及螺纹等表面组成。其中多个径向尺寸、轴向尺寸有较高的尺寸精度,整个工件的表面粗糙度要求较高,大部分的表面粗糙度为 $Ra1.6\mu m$,其余的也不能超过 $Ra3.2\mu m$。零件图尺寸标注完整,符合数控加工尺寸标注要求,零件轮廓描述清楚完整,无热处理和硬度要求。

2. 夹具的选择(确定装夹等方案)

根据该零件的加工特点,在加工中需要进行二次装夹。第一次用三爪自定心卡盘装夹右端毛坯外径,以棒料的轴心线为定位基准,校正、夹紧,保证工件伸出的长度大于30mm。加工左端面 $\phi40$、$\phi48$ 外轮廓以及内孔,加工结束后,调头装夹,夹住 $\phi40$ 圆柱面。

3. 量具的准备

根据本零件所需要测量的尺寸要素及精度要求,选用游标卡尺、外径千分尺、内径百分表和环规量具。

4. 刀具及切削参数的选择

刀具及切削参数如表 3-3-1 所示。

表 3-3-1　刀具及切削参数

步号	工步内容	选用刀具	主轴转速/(r/min)	进给速度/(mm/r)	背吃刀量/mm
1	车工件左端面	35°外圆车刀	800	手动	0.3
2	钻中心孔	A3 中心钻	600	手动	1.5
3	钻 $\phi20$ 孔	$\phi20$ 钻头	300	手动	9
4	粗车工件左端面内孔 $\phi22$、60°锥孔	内孔车刀	500	0.3	1
5	精车工件左端面内孔 $\phi22$、60°锥孔	内孔车刀	600	0.1	0.3
6	粗车工件左端面外轮廓 $\phi40$、$\phi48$	35°外圆车刀	600	0.3	1
7	精车工件左端面外轮廓 $\phi40$、$\phi48$	35°外圆车刀	800	0.1	0.3
8	掉头装夹车左端面,取总长 82	35°外圆车刀	800	手动	0.3
9	粗车工件右端面外轮廓 $\phi28$、$R40$ 圆弧	35°外圆车刀	600	0.3	1
10	精车工件右端面外轮廓 $\phi28$、$R40$ 圆弧	35°外圆车刀	800	0.1	0.3
11	车 4×2 退刀槽	外切槽刀	280	0.15	—
12	车 M24×1.5 外螺纹	外螺纹刀	450	1.5	—

5. 编程说明

(1) 先加工零件左端

根据图 3-3-2 所标尺寸,运用三角函数计算得 A 点坐标为 $(X33.54, Z0)$。

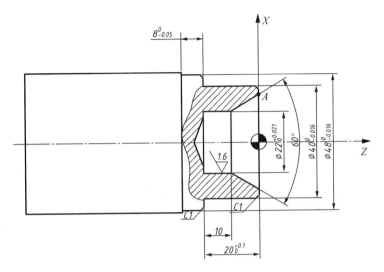

图 3-3-2

参考程序如下：

```
O1001;

N1;

M04 S600 T0101;

G00 X55.0 Z5.0;

G71 U1.0 R0.5;

G71 P10 Q20 U0.3 W0 F0.3;

N10 G00 X38.0;

    G01 Z0 F0.1;

        Z -20.0;

        X48.0;

        Z -30.0;

N20     X55.0;

G28 U0 W0;

M05;

M00;

N2;

M04 S800 T0101;

G00 X55.0 Z5.0;

G70 P10 Q20;

G28 U0 W0;

M05;
```

```
M00;

N3;

M04 S600 T0404;

G00 X20.0 Z5.0;

G71 U1.0 R0.5;

G71 P30 Q40 U-0.3 W0 F0.3;

N30 G00 X33.54;

    G01 Z0 F0.1;

        X22.0 Z-10.0;

        Z-20.0;

N40     X20.0;

G28 U0 W0;

M05;

M00;

N4;

M04 S800 T0404;

G00 X20.0 Z5.0;

G70 P30 Q40;

G28 U0 W0;

M05;

M30;
```

（2）再加工零件右端

调头装夹后再加工零件右端,参考程序如下:

```
O3002;

N1;

M04 S600 T0101;

G00 X55.0 Z5.0;

G71 U1.0 R0.5;

G71 P10 Q20 U0.3 W0 F0.3;

N10 G00 X20.85;

    G01 Z0 F0.1;

    X23.85 Z-1.5;

    Z-18.0;

    X28.0;

    Z-24;
```

```
    X32.0；
    G02 X48.0 Z－54.0 R40.0；
N20 G01 X55.0；
G28 U0 W0；
M05；
M00；
N2；
M04 S800 T0101；
G00 X55.0 Z5.0；
G70 P10 Q20；
G28 U0 W0；
M05；
M00；
N3；
M04 S450 T0202；
G00 X55.0 Z5.0；
G01 Z－18.0 F0.1；
    X22.0；
G00 X55.0；
G28 U0 W0；
M05；
M00；
N4；
M05 S450 T0303；
G00 X55.0 Z5.0；
G92 X23.05 Z－16.0 F1.5；
    X22.55；
    X22.25；
    X22.15；
    X22.1；
    X22.05；
    X22.05；
G28 U0 W0；
M05；
M30；
```

▶▶ **项目实施**

1. 零件的数控车削仿真加工

(1) 仿真软件程序启动

单击桌面上的图标 ,进入数控加工仿真系统。在主菜单栏中选择"机床"→ "选择机床",弹出"选择机床"对话框,控制系统选择"FANUC"→"FANUC 0i Mate",机床 类型选择"车床"→"沈阳机床厂",选择完毕后单击"确定"按钮,进入"数控加工仿真系 统"机床界面。

(2) 机床启动

① 单击操作面板上的"电源开"按钮, 指示灯变亮。

② 松开"急停"按钮,使之呈 ⊙ 状态。

(3) 车床回零

检查操作面板,在 回零 模式下,先沿 X 轴回原点,再沿 Z 轴回原点,分别单击

中的 $+X$、$+Z$,随即指示灯变亮, CRT 上的 X 坐标变为"390.00", Z 坐标变 为"300.00"。

(4) 程序输入

① 按 编辑 键,选择编辑工作方式。

② 按 PROG 键,显示程序画面。

③ 在数控系统操作面板上输入 O0001,按 INSERT 键确认,建立一个新的程序号,再按 EOB E 键换行,即可输入程序的内容。

④ 每输入一个程序句后按 EOB E 键,表示语句结束,然后按 INSERT 键,将该程序段输 入程序中。

（5）图形模拟

① 按操作面板上的 键,将工作方式切换到自动加工状态下。

② 按编辑面板 MDI 键盘上的 CUSTOM GRAPH 键,进入图形模拟页面,单击操作面板上的

循环启动 按钮,即可观察加工程序的运行轨迹,如图 3-3-3 和图 3-3-4 所示。

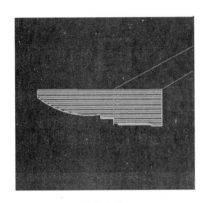 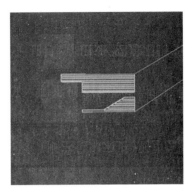

图 3-3-3　　　　　　　　　　图 3-3-4

（6）工件安装

① 毛坯定义。

在主菜单栏中选择"零件"→"定义毛坯"命令,弹出"定义毛坯"对话框,毛坯尺寸如图 3-2-5 所示,选择完毕后单击"确定"按钮。

② 毛坯选择。

在主菜单栏中选择"零件"→"放置零件"选项,在弹出的"选择零件"对话框中选择名称为"毛坯1"的零件,选择完毕后单击"确定"按钮。界面上的仿真机床上会显示出安装的零件,同时弹出控制零件左右移动的操作框,单击"退出"按钮,关闭该操作框,此时零件安装结束。

③ 零件显示。

在当前状态下右击,在弹出的快捷菜单中选择"选项"命令,弹出"视图选项"对话框,根据要显示的部位进行相应的调整,在"零件显示方式"区域点选"剖面(车床)"单选按钮,再点选"半剖(下)"单选按钮,然后单击"确定"按钮即可,此时主显示界面上的零件显示为半剖模式,如图 3-3-5 所示。

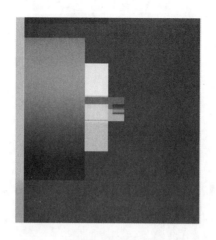

图 3-3-5

(7) 刀具安装

在主菜单栏中选择"机床"→"选择刀具"选项,弹出"刀具选择"对话框。1 号工位装外圆刀,刀具参数如图 1-3-25 所示;2 号工位装外切槽刀,刀具参数如图 3-1-7 所示;3 号工位装外螺纹刀,刀具参数如图 3-2-7 所示;4 号工位装内孔刀,刀具参数如图 3-1-8 所示。

(8) 对刀操作

① T01 号外圆车刀的设置(试切法)。

在对刀、加工过程中,为了方便数控车床在 X、Z 方向上运动,正常观察机床的俯视图,单击主菜单中的俯视图 按钮。

a. 切削外径。

在操作面板上按 键,进入手动操作方式状态,按 键,使主轴正转。按

 键,移动坐标轴,将刀具移动到工件附近。在操作面板上按 键,再按

键,显示 手摇控制面板,鼠标光标对准"轴选择"旋钮,单击左键或右键,选择坐标轴。鼠标光标对准手轮,单击左键或右键,精确控制机床的移动。在"手摇"模式下,当控制面板上 灯亮时每一小格移动的距离为 0.001mm,当 灯亮时每一小

格移动的距离为 0.01mm,当 灯亮时每一小格移动的距离为 0.1mm,当 灯亮时每一小格移动的距离为 1mm。先在工件外圆试切一刀,如图 3-1-10 所示,沿"+Z"方向退刀。按 键,主轴停转。

b. 测量切削位置的直径。

在主菜单栏中选择"测量"中的"剖面图测量"选项,如图 3-1-11 所示,弹出提示框,提示"是否保留半径小于 1 的圆弧?",如图 3-1-12 所示,单击"否"按钮,弹出"车床工件测量"对话框。单击外圆加工部位,选中部位变色并显示出实际尺寸,同时对话框下侧相应尺寸参数变为蓝色亮条显示,如图 3-1-13 所示。

c. 按编辑面板 MDI 键盘上的 键,进入"工具补正"页面,按显示屏内下端"形状"键,进入刀补界面。按 键,使光标移动到番号为 01 的位置,在控制面板上输入"X49.146"。单击"测量"软键,输入 X 轴坐标,系统自动换算出 X 轴相应坐标值。

d. 车削端面。

按 键,使主轴正转。按 键,移动坐标轴,将刀具移动到工件附近。在"手摇"模式下,车削端面,沿"+X"方向退刀。在操作面板上按 键,使主轴停止转动。

e. 按编辑面板 MDI 键盘上的 键,进入"工具补正"页面,按显示屏内下端"形状"键,进入刀补界面。按 键,使光标移动到番号为 01 的位置,在控制面板上输入"Z0",单击"测量"软键,输入 Z 轴坐标,系统自动换算出 Z 轴相应坐标值。

② 用上述方法,完成 T02 号刀、T03 号刀、T04 号刀的对刀与偏移设置。

(9) 自动加工

① 按机床操作面板上的 键,将工作方式切换到自动加工状态。

② 按数控系统操作面板上的 键,切换到程序界面,单击操作面板上的 按钮,即可进行自动加工,如图 3-3-6 所示。

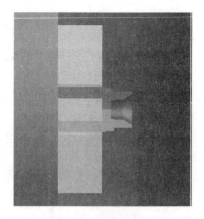

图 3-3-6

③ 加工完零件右端后,在主菜单栏中选择"零件"→"移动零件"选项,弹出"零件移动"操作框,单击"零件反转"按钮 ,单击 、 按钮,调整合适的装夹长度,然后单击"退出"按钮,零件调头装夹,如图 3-3-7 所示。

④ 重新对刀,重复上述过程,加工零件右端,如图 3-3-8 所示。

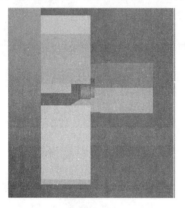 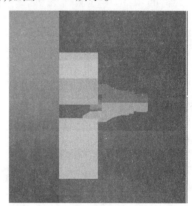

图 3-3-7　　　　　　　　　　　　图 3-3-8

2. 零件的数控车削加工操作

(1) 机床启动

① 打开总电源(机床床身左侧) 。

② 打开机床控制器电源 。

③ 松开"机床急停"按钮 。

④ 机床系统启动结束,再启动"液压" 。

（2）机床回零

① 在手动 状态下，按 键，使机床刀架沿 X 轴、Z 轴向负方向移动 −100mm 左右（注意先沿 Z 轴方向移动，后沿 X 轴方向移动）。

② 在回零 状态下，按 键，使机床刀架沿 X 轴、Z 轴向正方向移动，直至零点（注意先沿 X 轴方向移动，后沿 Z 轴方向移动）。

（3）程序输入

① 按 [编辑] 键，选择编辑工作方式。

② 按 [PROG] 键，显示程序画面。

③ 在数控系统操作面板上输入程序名 O3001，按 [INSERT] 键确认，建立一个新的程序号，再按 [EOB E] 键换行，即可输入程序的内容。

④ 每输入一个程序句后按 [EOB E] 键，表示语句结束，然后按 [INSERT] 键，输入该语句。

在输入程序的过程中，如出现如图 3-1-19 所示的字符，先单击 [SHIFT] 键，再单击相对应的按钮。

（4）程序检查

① 将机床锁住（机床锁住、空运行灯亮），在自动状态下模拟所输入的程序，观察图形（CSTM/GR）。

② 确认刀尖走刀轨迹正确，将机床解锁（机床锁住、空运行灯关）。

③ 重新回零（参照步骤（2））。

④ 在编辑状态下检查程序，确认主轴转向、每把刀的定刀点，包括粗、精加工的定刀点。

    外圆刀：X55.0 Z5.0   M03
    外切槽刀：X55.0 Z5.0   M03
    外螺纹刀：X55.0 Z5.0   M04
    内孔刀：X20.0 Z5.0   M04

（5）装刀

根据加工要求，选用刀具，装在刀架适当刀位上。

(6) 工件装夹

毛坯尺寸为$\phi 50 \times 85$，三爪自定心卡盘夹持长度大于 20mm，工件伸出长度应大于工件加工长度 5mm 以上。

(7) 对刀(建立工件坐标系)

① 外圆刀的对刀。

在 状态下，驱动主轴正转，按方向控制键 ，使工件快速靠近工件后，切换至手摇模式，Z 方向对刀，在毛坯的端面车削至中心，沿 X 方向退刀，保持 Z 方向不变。按 🔲 键，进入形状补偿参数设定界面，将光标移动至相对应的刀具号，输入"Z0"，按"测量"软键，Z 方向对刀的数值自动输入。X 方向对刀，用车刀试车一外径，沿 Z 轴方向退出，保持 X 方向不变。按 🔲 键，测量外圆直径后在形状补偿参数设定界面内输入测量直径值，按"测量"软键，X 方向对刀的数值自动输入。

② 用上述方法，完成外切槽刀、外螺纹刀、内孔刀的对刀。

(8) 对刀检测

① 外圆刀、外切槽刀、外螺纹刀的对刀检测。

在 MDI 状态下的 PROG 中输入指令"T0X0X；G00 Z100.0；X50.0；"，按下"单段""进给倍率 25%"按钮后，使其显示灯点亮，再按"循环启动"按钮运行程序，观察刀具在工件坐标系中的位置是否正确。

② 内孔刀的对刀检测。

在 MDI 状态下的 PROG 中输入指令"T0X0X；G00 Z100.0；X20.0；"，按下"单段""进给倍率 25%"按钮后，使其显示灯点亮，再按"循环启动"按钮运行程序，观察刀具在工件坐标系中的位置是否正确。

(9) 零件加工

① 在磨耗补偿参数设定界面对应刀号内输入磨耗值。

② 在编辑模式下调出要加工的程序，光标停留在程序号位置。

③ 按下"单段""进给倍率 25%"按钮后，使其显示灯点亮，在自动模式下启动程序。

④ 当程序执行到定刀点后(如外轮廓 X55.0、Z5.0)，再次确认刀具在工件坐标系中的位置是否正确。

⑤ 取消"单段"，再次单击"程序启动"按钮，开始加工零件。

⑥ 在加工过程中手要放在"进给保持"按钮边上或"RESET"按钮上，以确保若加工过程中出现问题，第一时间停止加工。

⑦ 根据测量结果，修改磨耗值，直至加工到符合图纸要求为止。

（10）零件检测

工件加工结束后,对工件进行检测,将检测结果填入评分表。

序号	项目	考核内容		配分		检测结果	得分
				IT	Ra		
1	外圆	$\phi 48^0_{-0.016}$	$Ra1.6$	5	1		
2		$\phi 40^0_{-0.016}$	$Ra1.6$	5	1		
3		$\phi 28^0_{-0.013}$	$Ra1.6$	5	1		
4	圆弧	$R40$	$Ra1.6$	4	1		
5	锥度	$60°$	$Ra1.6$	4	1		
6	内孔	$\phi 22^{+0.021}_0$	$Ra1.6$	5	1		
7	螺纹	$M24 \times 1.5 - 6g$	$Ra1.6$	5	1		
8	长度	82 ± 0.1		3			
9		$58^0_{-0.1}$		3			
10		$38^0_{-0.05}$		3			
11		$20^{+0.1}_0$		3			
12	其他	轮廓形状有无缺陷		4			
13		倒角、倒钝		4			
14		加工准备及工艺制定		10			
15		数控编程		20			
16		数控车床操作与工量刃具使用		5			
17		数控车床维护与精度检验		5			
		合　计		100			

评分标准:尺寸和形状位置精度每超差0.01mm扣2分,达不到规定要求的粗糙度时该项不得分。
否定项:零件上有未加工形状或形状错误的,此零件视为不合格。

▶▶ 项目总结

通过本项目的学习,主要目的是让读者了解数控车床中级操作工考证的相关内容,掌握数控车床的基础知识、操作方法和基本技能。

对于中级数控车床操作工而言,能设计较复杂的数控加工工艺,编制程序,具备现场技术分析和处理的基本技能,遵守职业道德,做好安全文明生产。

通过本项目的实训,能对工件进行工艺分析、编程及加工,了解中级数控车床操作的职业技能(工艺准备、编程技术、工件加工、精度检验及误差分析、机床维护、管理工作等)、工作内容和相关要求等。

项目四　数控车工中级职业技能鉴定技能操作试题四

▶▶ **项目目标**

❖ **知识目标**

- 能够读懂零件图,明确加工要求;能够制订正确、合理的加工方案。
- 掌握典型轴类零件编程技巧。
- 掌握 G71、G73 等固定循环指令的灵活运用。
- 了解数控加工工艺的相关知识,包括刀具与夹具的选择、走刀路线的确定、切削用量的选用等。

❖ **技能目标**

- 能够读懂零件图,明确加工要求;能够制订正确、合理的加工方案。
- 掌握一般轴类零件调头加工的方法。
- 熟练掌握内螺纹的加工方法及测量方法。
- 能按技术要求完成零件的加工,保证零件的尺寸精度及形位精度。

▶▶ **项目任务**

在数控车床上,按零件图完成零件加工操作(图 3-4-1)。

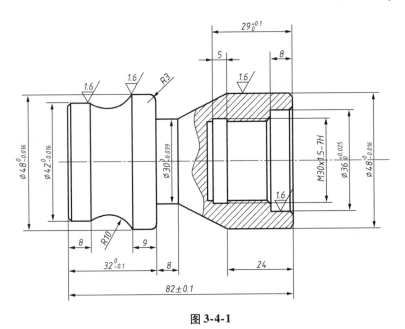

图 3-4-1

▶▶ 相关知识

1. 图样分析

如图 3-4-1 所示为数控中级工考证的一个轴类零件,工件材料选用 45#钢,毛坯选用 $\phi50 \times 85$ 的棒料。该零件的轮廓比较复杂,外轮廓主要由圆柱面、外圆凹圆弧及锥形面等表面组成。其中多个径向尺寸、轴向尺寸有较高的尺寸精度,整个工件的表面粗糙度要求较高,大部分的表面粗糙度为 $Ra1.6\mu m$,其余的也不能超过 $Ra3.2\mu m$。零件图尺寸标注完整,符合数控加工尺寸标注要求,零件轮廓描述清楚完整,无热处理和硬度要求。

2. 夹具的选择(确定装夹等方案)

根据该零件的加工特点,在加工中需要进行二次装夹。第一次用三爪自定心卡盘装夹左端毛坯外径,以棒料的轴心线为定位基准,校正、夹紧,保证工件伸出的长度大于 60mm。加工右端面的 $\phi48$、$\phi30$ 圆柱面以及内孔、内螺纹。加工结束后,调头装夹,夹住左端 $\phi48$ 圆柱面,加工工件右端外轮廓。

3. 量具的准备

根据本零件所需要测量的尺寸要素及精度要求,可选用的量具有游标卡尺、外径千分尺、内径百分表和环规。

4. 刀具及切削参数的选择

刀具及切削参数如表 3-4-1 所示。

表 3-4-1 刀具及切削参数

步号	工步内容	选用刀具	主轴转速 /(r/min)	进给速度 /(mm/r)	背吃刀量 /mm
1	车工件右端面	35°外圆车刀	800	手动	0.3
2	钻中心孔	A3 中心钻	600	手动	1.5
3	钻孔	$\phi20$ 麻花钻	300	手动	9
4	粗车工件右端面内孔 $\phi36$、螺纹小径(28.2)	内孔车刀	500	0.3	1
5	精车工件右端面内孔 $\phi36$、螺纹小径(28.2)	内孔车刀	600	0.1	0.3
6	车 M30×1.5 内螺纹	内螺纹车刀	450	1.5	
7	粗车工件右端面外轮廓 $\phi48$、$\phi30$、$R3$	35°外圆车刀	600	0.3	1
8	精车工件右端面外轮廓 $\phi48$、$\phi30$、$R3$	35°外圆车刀	800	0.1	0.3
9	掉头装夹车右端面,取总长 82	35°外圆车刀	800	手动	0.3
10	粗车工件左端面外轮廓 $\phi48$、$\phi42$、$R10$ 圆弧	35°外圆车刀	600	0.3	1
11	精车工件左端面外轮廓 $\phi48$、$\phi42$、$R10$ 圆弧	35°外圆车刀	800	0.1	0.3

5. 编程说明

① 先加工零件右端,如图 3-4-2 所示。

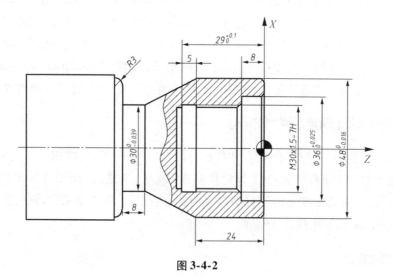

图 3-4-2

参考程序如下：

```
O4001；
N1；
M04 S600 T0101；
G00 X55.0 Z5.0；
G73 U10.0 W0 R10；
G73 P10 Q20 U0.3 W0 F0.3；
N10 G00 X46.0；
    G01 Z0 F0.1；
        X48.0 Z-1.0；
        Z-24.0；
        X30.0 Z-42.0；
        Z-50.0；
        X42.0；
    G03 X48.0 Z-53.0 R3.0；
N20 G01 X55.0；
G28 U0 W0；
M05；
M00；
N2；
M04 S800 T0101；
G00 X55.0 Z5.0；
G70 P10 Q20；
G28 U0 W0；
M05；
M00；
N3；
M04 S600 T0404；
G00 X20.0 Z5.0；
G71 U1.0 R0.5；
G71 P30 Q40 U-0.3 W0 F0.3；
N30 G00 X38.0；
    G01 Z0 F0.1；
        X36.0 Z-1.0；
        Z-8.0；
        X32.2；
```

```
            X28.2 Z -10.0;
            Z -29.0;
    N40     X20.0;
    G28 U0 W0;
    M05;
    M00;
    N4;
    M04 S800 T0404;
    G00 X20.0 Z5.0;
    G70 P30 Q40;
    G28 U0 W0;
    M00;
    N5;
    M04 S450 T0505;
    G00 X20.0 Z5.0;
    G92 X29.0 Z -24.0 F1.5;
        X29.5;
        X29.8;
        X29.9;
        X29.95;
        X30.0;
        X30.0;
    G28 U0 W0;
    M05;
    M30;
```

② 调头装夹后再加工零件左端,参考程序如下:

```
    O4002;
    N1;
    M04 S600 T0101;
    G00 X55.0 Z5.0;
    G73 U6.0 W0 R6;
    G73 P10 Q20 U0.3 W0 F0.3;
    N10 G00 X40.0;
        G01 Z0 F0.1;
            X42.0 Z -1.0;
            Z -8.0;
```

```
   G02 X48.0 Z -23.0 R10.0;
   G01 Z -33.0;
 N20 G00 X55.0;
 G28 U0 W0;
 M05;
 M00;
 N2;
 M04 S800 T0101;
 G00 X55.0 Z5.0;
 G70 P10 Q20;
 G28 U0 W0;
 M05;
 M30;
```

▶▶ 项目实施

1. 零件的数控车削仿真加工

（1）仿真软件程序启动

单击桌面上的图标 [数控加工仿真系统]，进入数控加工仿真系统。在主菜单栏中选择"机床"→"选择机床"命令，弹出"选择机床"对话框，控制系统选择"FANUC"→"FANUC 0i Mate"，机床类型选择"车床"→"沈阳机床厂"，选择完毕后单击"确定"按钮，进入"数控加工仿真系统"机床界面。

（2）机床启动

① 单击操作面板上的"电源开"按钮，[准备] 指示灯变亮。

② 松开"急停"按钮，使之呈 [⊙] 状态。

（3）车床回零

检查操作面板，在 [回零] 模式下，先沿 X 轴回原点，再沿 Z 轴回原点，分别单击

中的 $+X$、$+Z$，随即指示灯变亮 ，CRT 上的 X 坐标变为"390.00"，Z 坐标

变为"300.00"。

（4）**程序输入**

① 按 **编辑** 键，选择编辑工作方式。

② 按 **PROG** 键，显示程序画面。

③ 在数控系统操作面板上输入 O0001，按 **INSERT** 键确认，建立一个新的程序号，再按 **EOB E** 键换行，即可输入程序的内容。

④ 每输入一个程序句后按 **EOB E** 键，表示语句结束，然后按 **INSERT** 键，将该程序段输入程序中。

（5）**图形模拟**

① 按操作面板上的 **自动** 键，将工作方式切换到自动加工状态下。

② 按编辑面板 MDI 键盘上的 **CUSTOM GRAPH** 键，进入图形模拟页面，单击操作面板上的 **循环 启动** 按钮，即可观察加工程序的运行轨迹，如图 3-4-3 和图 3-4-4 所示。

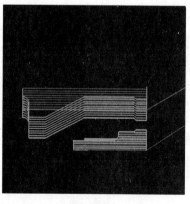 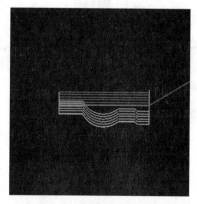

图 3-4-3　　　　　　　　　　图 3-4-4

（6）**工件安装**

① 毛坯定义。

在主菜单栏中选择"零件"→"定义毛坯"命令，打开"定义毛坯"对话框，输入毛坯尺寸，选择完毕后单击"确定"按钮。

② 毛坯选择。

在主菜单栏中选择"零件"→"放置零件"命令，弹出"选择零件"对话框，选择名称为"毛坯1"的零件,选择完毕后单击"确定"按钮。界面上的仿真机床上会显示出安装的零件,同时弹出控制零件左右移动的操作框,单击"退出"按钮,关闭该操作框,此时零件安装结束。

③ 零件显示。

在当前状态下右击,在弹出的快捷菜单中选择"选项"命令,弹出"视图选项"对话框,根据要显示的部位进行相应的调整,在"零件显示方式"区域点选"剖面(车床)"单选按钮,再点选"半剖(下)"单选按钮,然后单击"确定"按钮即可,此时主显示界面上的零件显示为半剖模式,如图 3-4-5 所示。

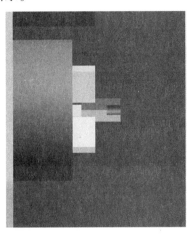

图 3-4-5

(7)刀具安装

在主菜单栏中选择"机床"→"选择刀具"命令,弹出"刀具选择"对话框。1 号工位装外圆刀,刀具参数如图 1-3-25 所示;2 号工位装外切槽刀,刀具参数如图 3-1-7 所示;4 号工位装内孔刀,刀具参数如图 3-1-8 所示;5 号工位装内螺纹刀,刀具参数如图 3-1-9 所示。

(8)对刀操作

① T01 号外圆车刀的设置(试切法)。

在对刀、加工过程中,为了方便数控车床在 X、Z 方向上运动,正常观察机床的俯视图,单击主菜单中的俯视图 按钮。

a. 切削外径。

在操作面板中按 键,进入手动操作方式状态,按 键,使主轴正转。按

键,移动坐标轴,将刀具移动到工件附近。在操作面板中按键,再按

键,显示手摇控制面板,鼠标光标对准"轴选择"旋钮,单击左键或右键,选择坐标轴。鼠标光标对准手轮,单击左键或右键,精确控制机床的移动。在"手摇"模式下,当控制面板上灯亮时每一小格移动的距离为0.001mm,当灯亮时每一小格移动的距离为0.01mm,当灯亮时每一小格移动的距离为0.1mm,当亮时每一小格移动的距离为1mm。先在工件外圆试切一刀,沿"+Z"方向退刀。按键,主轴停转。

b. 测量切削位置的直径。

在主菜单栏中选择"测量"中的"剖面图测量"选项,弹出提示框,提示"是否保留半径小于1的圆弧?",单击"否"按钮,弹出"车床工件测量"对话框。单击外圆加工部位,选中部位变色并显示出实际尺寸,同时对话框下侧相应尺寸参数变为蓝色亮条显示。

c. 按编辑面板MDI键盘上的键,进入"工具补正"页面,按显示屏内下端"形状"键,进入刀补界面。按键,使光标移动到番号为01的位置,在控制面板上输入"X49.146",单击"测量"软键,输入X轴坐标,系统自动换算出X轴相应坐标值。

d. 车削端面。

按键,使主轴正转。按键,移动坐标轴,将刀具移动到工件附近。在"手摇"模式下,车削端面,沿"+X"方向退刀。在操作面板上按键,使主轴停止转动。

e. 按编辑面板MDI键盘上的键,进入"工具补正"页面,按显示屏内下端"形状"键,进入刀补界面。按键,使光标移动到番号为01的位置,在控制面板上输

入"Z0",单击"测量"软键,输入 Z 轴坐标,系统自动换算出 Z 轴相应坐标值。

② 用上述方法,完成 T02 号刀、T04 号刀、T05 号刀的对刀与偏移设置。

（9）自动加工

① 按机床操作面板上的 [自动] 键,将工作方式切换到自动加工状态。

② 按数控系统操作面板上的 [PROG] 键,切换到程序界面,单击操作面板上的 [循环启动] 按钮,即可进行自动加工,如图 3-4-6 所示。

③ 加工完零件右端后,在主菜单栏中选择"零件"→"移动零件"命令,弹出"零件移动"操作框,单击"零件反转"按钮 [图标],单击 [←]、[→] 按钮,调整合适的装夹长度,然后单击"退出"按钮,零件调头装夹,如图 3-4-7 所示。

④ 重新对刀,重复上述过程,加工零件左端,如图 3-4-8 所示。

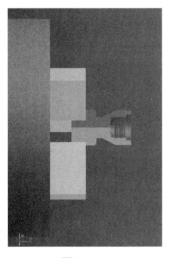 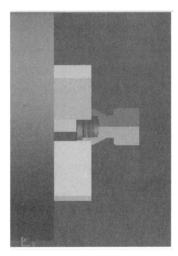 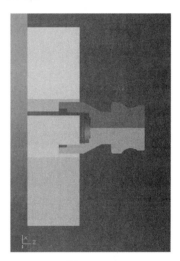

图 3-4-6　　　　　　　图 3-4-7　　　　　　　图 3-4-8

2. 零件的数控车削加工操作

（1）机床启动

① 打开总电源（机床床身左侧）。

② 打开机床控制器电源。

③ 松开"机床急停"按钮。

④ 机床系统启动结束,再启动"液压" 。

(2) 机床回零

① 在手动 状态下,按 键,使机床刀架沿 X 轴、Z 轴向负方向移动 -100mm左右(注意先沿 Z 轴方向移动,后沿 X 轴方向移动)。

② 在回零 状态下,按 键,使机床刀架沿 X 轴、Z 轴向正方向移动,直至零点(注意先沿 X 轴方向移动,后沿 Z 轴方向移动)。

(3) 程序输入

① 按 键,选择编辑工作方式。

② 按 键,显示程序画面。

③ 在数控系统操作面板上输入程序名 O3001,按 键确认,建立一个新的程序号,再按 键换行,即可输入程序的内容。

④ 每输入一个程序句后按 键,表示语句结束,然后按 键,输入该语句。在输入程序的过程中,如出现如图 3-1-19 所示的字符,先单击 键,再单击对应的按钮。

(4) 程序检查

① 将机床锁住(机床锁住、空运行灯亮),在自动状态下模拟所输入的程序,观察图形(CSTM/GR)。

② 确认刀尖走刀轨迹正确,将机床解锁(机床锁住、空运行灯关)。

③ 重新回零[参照步骤(2)]。

④ 在编辑状态下检查程序,确认主轴转向、每把刀的定刀点,包括粗、精加工的定刀点。

  外圆刀:X55.0 Z5.0 M03

  外切槽刀:X55.0 Z5.0 M03

  内孔刀:X20.0 Z5.0 M04

  内螺纹刀:X20.0 Z5.0 M04

(5) 装刀

根据加工要求,选用刀具,装在刀架适当刀位上。

（6）工件装夹

毛坯尺寸为 $\phi50 \times 85$，三爪自定心卡盘夹持长度大于 20mm，工件伸出长度应大于工件加工长度 5mm 以上。

（7）对刀（建立工件坐标系）

① 外圆刀的对刀。

在 状态下，驱动主轴正转，按方向控制键 ，使工件快速靠近工件后，切换至"手摇"模式，Z 方向对刀，在毛坯的端面车削至中心，沿 X 方向退刀，保持 Z 方向不变。按 键，进入形状补偿参数设定界面，将光标移动至相对应的刀具号，输入"Z0"，按"测量"软键，Z 方向对刀的数值自动输入。X 方向对刀，用车刀试车一外径，沿 Z 轴方向退出，保持 X 方向不变。按 键，测量外圆直径后在形状补偿参数设定界面内输入测量直径值，按"测量"软键，X 方向对刀的数值自动输入。

② 用上述方法，完成外切槽刀、内螺纹刀、内孔刀的对刀。

（8）对刀检测

① 外圆刀、外切槽刀、内螺纹刀的对刀检测。

在 MDI 状态下的 PROG 中输入指令"T0X0X；G00 Z100.0；X50.0；"，按下"单段""进给倍率 25%"按钮后，使其显示灯点亮，再按"循环启动"按钮运行程序，观察刀具在工件坐标系中的位置是否正确。

② 内孔刀的对刀检测。

在 MDI 状态下的 PROG 中输入指令"T0X0X；G00 Z100.0；X20.0；"，按下"单段""进给倍率 25%"按钮后，使其显示灯点亮，再按"循环启动"按钮运行程序，观察刀具在工件坐标系中的位置是否正确。

（9）零件加工

① 在磨耗补偿参数设定界面对应刀号内输入磨耗值。

② 在编辑模式下调出要加工的程序，光标停留在程序号位置。

③ 按下"单段""进给倍率 25%"按钮后，使其显示灯点亮，在自动模式下启动程序。

④ 当程序执行到定刀点后（如外轮廓 X55.0、Z5.0），再次确认刀具在工件坐标系中的位置是否正确。

⑤ 取消"单段"，再次单击"程序启动"按钮，开始加工零件。

⑥ 在加工过程中手要放在"进给保持"按钮边上或"RESET"按钮上，以确保若加工过程中出现问题，第一时间停止加工。

⑦ 根据测量结果，修改磨耗，直至加工到符合图纸要求为止。

（10）零件检测

工件加工结束后，对工件进行检测，检测结果填入评分表内。

序号	项目	考核内容		配分		检测结果	得分
				IT	Ra		
1	外圆	$\phi 48^{0}_{-0.016}$（两处）	$Ra1.6$	4×2	1×2		
2		$\phi 42^{0}_{-0.016}$	$Ra1.6$	4	1		
3		$\phi 30^{0}_{-0.039}$	$Ra1.6$	4	1		
4	圆弧	$R3$	$Ra1.6$	3	1		
		$R10$	$Ra1.6$	3	2		
5	锥度	$\phi 36^{+0.025}_{0}$	$Ra1.6$	4	1		
	内孔	$\phi 36^{+0.025}_{0}$	$Ra1.6$	4	1		
6	螺纹	$M30 \times 1.5 - 7H$	$Ra1.6$	5	1		
7	长度	82 ± 0.1		3			
8		$32^{0}_{-0.1}$		3			
9		$29^{+0.1}_{0}$		1	1		
10	其他	轮廓形状有无缺陷		4			
11		倒角、倒钝		3			
12		加工准备及工艺制定		10			
13		数控编程		20			
14		数控车床操作与工量刃具使用		5			
15		数控车床维护与精度检验		5			
		合　计		100			

评分标准：尺寸和形状位置精度每超差 0.01mm 扣 2 分，达不到规定要求的粗糙度时该项不得分。
否定项：零件上有未加工形状或形状错误的，此零件视为不合格。

▶▶ 项目总结

通过本项目的学习，主要目的是让读者了解数控车床中级操作工考证的相关内容，掌握数控车床的基础知识、操作方法和基本技能。

对于中级数控车床操作工而言，能设计较复杂的数控加工工艺，编制程序，具备现场技术分析和处理的基本技能，遵守职业道德，做到安全文明生产。

通过本项目的实训，能对工件进行工艺分析、编程及加工，了解中级数控车床操作的职业技能（工艺准备、编程技术、工件加工、精度检验及误差分析、机床维护、管理工作等）、工作内容和相关要求等。

附录 I 数控车工国家职业标准

1.职业概况

1.1 职业名称

数控车工。

1.2 职业定义

从事编制数控加工程序并操作数控车床进行零件车削加工的人员。

1.3 职业等级

本职业共设四个等级,分别为:中级(国家职业资格四级)、高级(国家职业资格三级)、技师(国家职业资格二级)、高级技师(国家职业资格一级)。

1.4 职业环境

室内,常温。

1.5 职业能力特征

具有较强的计算能力和空间感,形体知觉及色觉正常,手指、手臂灵活,动作协调。

1.6 基本文化程度

高中毕业(或同等学历)。

1.7 培训要求

1.7.1 培训期限

全日制职业学校教育,根据其培养目标和教学计划确定。晋级培训期限:中级不少于400标准学时;高级不少于300标准学时;技师不少于200标准学时;高级技师不少于200标准学时。

1.7.2 培训教师

培训中级、高级的教师应取得本职业技师以上职业资格证书或相关专业中级及以上专业职务任职资格;培训技师的教师应取得本职业高级技师职业资格证书或相关专业高级专业技术职务任职资格;培训高级技师的教师应取得本职业高级技师职业资格证书2年以上或取得相关专业高级专业技术职务任职资格。

1.7.3 培训场地

满足教学需要的标准教室,计算机机房及配套的软件,数控车床及必要的刀具、夹具、量具和辅助设备等。

1.8 鉴定要求

1.8.1 适用对象

从事或准备从事本职业的人员。

1.8.2 申报条件

——中级(具备以下条件之一者)

(1)经本职业中级正规培训,达到规定标准学时数,并取得结业证书。

(2)连续从事本职业工作5年以上。

(3)取得经劳动保障行政部门审核认定的,以中级技能为培养目标的中等以上职业学校本职业或相关专业毕业证书。

(4)取得相关职业中级职业资格证书后,连续从事本职业工作2年以上。

——高级(具备以下条件之一者)

(1)取得本职业中级职业资格证书后,连续从事本职业工作2年以上,经本职业高级正规培训,达到规定标准学时数,并取得结业证书。

(2)取得本职业中级职业资格证书后,连续从事本职业工作4年以上。

(3)取得经劳动保障行政部门审核认定的、以高级技能为培养目标的职业学校本专业或相关专业毕业证书。

(4)大专以上本专业或相关专业毕业生,经本职业高级正规培训,达到规定标准学时数,并取得结业证书。

——技师(具备以下条件之一者)

(1)取得本职业高级职业资格证书后,连续从事本职业工作4年以上,经本职业技师正规培训,达到规定标准学时数,并取得结业证书。

(2)取得本职业高级职业资格证书的职业学校本职业(专业)毕业生,连续从事本职业工作2年以上,经本职业技师正规培训,达到规定标准学时数,并取得结业证书。

(3)取得本职业高级职业资格证书的本科(含本科)以上本专业或相关专业毕业生,连续从事本职业工作2年以上,经本职业技师正规培训,达到规定标准学时数,并取得结业证书。

——高级技师(具备以下条件之一者)

取得本职业技师职业资格证书后,连续从事本职业工作4年以上,经本职业高级技师正规培训,达到规定标准学时数,并取得结业证书。

1.8.3 鉴定方式

分为理论知识考试和技能操作考核。理论知识考试采用闭卷笔试方式,技能操作(含软件应用)考核采用现场实际操作和计算机软件操作方式。理论知识考试和技能操作(含软件应用)考核均实行百分制,成绩皆达60分及以上者为合格。技师和高级技师还须进行综合评审。

1.8.4 考评人员与考生配比

理论知识考试考评人员与考生配比为1:15,每个标准教室不少于2名考评人员;技能操作(含软件应用)考核考评员与考生配比为1:2,且不少于3名考评员,综合评审委员不少于5人。

1.8.5 鉴定时间

　　理论知识考试时间为 120min。技能操作考核时间为：中级、高级不少于 240min，技师、高级技师不少于 300min。技能操作考核中软件应用考试时间不超过 120min，技师、高级技师的综合评审时间不少于 45min。

1.8.6　鉴定场所设备

　　理论知识考试在标准教室里进行，软件应用考试在计算机机房进行，技能操作考核在配备必要的数控车床及刀具、夹具、量具和辅助设备的场所内进行。

2.基本要求

2.1　职业道德

2.1.1　职业道德基本知识

2.1.2　职业守则

（1）遵守国家法律、法规和有关规定。

（2）具有高度责任心，爱岗敬业、团结合作。

（3）严格执行相关标准、工作程序与规范、工艺文件和安全操作规程。

（4）学习新知识、新技能，勇于开拓和创新。

（5）爱护设备、系统及工具、夹具、量具。

（6）着装整洁，符合规定；保持工作环境清洁有序，文明生产。

2.2　基础知识

2.2.1　基础理论知识

（1）机械制图。

（2）工程材料及金属热处理知识。

（3）机电控制知识。

（4）计算机基础知识。

（5）专业英语基础。

2.2.2　机械加工基础知识

（1）机械原理。

（2）常用设备知识（分类、用途、基本结构及维护保养方法）。

（3）常用金属切削刀具知识。

（4）典型零件加工工艺。

（5）设备润滑冷却液的使用方法。

（6）工具、夹具、量具的使用与维护知识。

（7）普通车床、钳工基本操作知识。

2.2.3　安全文明生产与环境保护知识

（1）安全操作与劳动保护知识。

（2）文明生产知识。

（3）环境保护知识。

2.2.4 质量管理知识

（1）企业的质量方针。

（2）岗位质量要求。

（3）岗位质量保证措施与责任。

2.2.5 相关法律、法规知识

（1）劳动法相关知识。

（2）环境保护法相关知识。

（3）知识产权保护法相关知识。

3. 工作要求

本标准对中级、高级、技师和高级技师的技能要求依次递进，高级别涵盖低级别的要求。

3.1 中级

职业功能	工作内容	技能要求	相关知识
一、加工准备	（一）读图与绘图	1. 能读懂中等复杂程度（如曲轴）的零件图 2. 能绘制简单的轴、盘类零件图 3. 能读懂进给机构、主轴系统的装配图	1. 复杂零件的表达方法 2. 简单零件图的画法 3. 零件三视图、局部视图和剖视图的画法 4. 装配图的画法
	（二）制定加工工艺	1. 能读懂复杂零件的数控车床加工工艺文件 2. 能编制简单（轴、盘）零件的数控车床加工工艺文件	数控车床加工工艺文件的制定
	（三）零件定位与装夹	能使用通用夹具（如三爪自定心卡盘、四爪单动卡盘）进行零件装夹与定位	1. 数控车床常用夹具的使用方法 2. 零件定位、装夹的原理和方法
	（四）刀具准备	1. 能根据数控车床加工工艺文件选择、安装和调整数控车床常用刀具 2. 能刃磨常用车削刀具	1. 金属切削与刀具磨损知识 2. 数控车床常用刀具的种类、结构和特点 3. 数控车床、零件材料、加工效率对刀具的要求
二、数控编程	（一）手工编程	1. 能编制由直线、圆弧组成的二维轮廓数控加工程序 2. 能编制螺纹加工程序 3. 能运用固定循环、子程序进行零件加工程序编制	1. 数控编程知识 2. 直线插补和圆弧插补的原理 3. 坐标点的计算方法
	（二）计算机辅助编程	1. 能使用计算机绘图设计软件绘制简单（轴、盘、套）零件图 2. 能利用计算机绘图软件计算节点	计算机绘图软件（二维）的使用方法

续表

职业功能	工作内容	技能要求	相关知识
三、数控车床操作	（一）操作面板	1. 能按照操作规程启动及停止机床 2. 能使用操作面板上的常用功能键（如回零、手动、MDI、修调等）	1. 熟悉数控车床操作说明书 2. 数控车床操作面板的使用方法
	（二）程序输入与编辑	1. 能通过各种途径（如 DNC、网络等）输入加工程序 2. 能通过操作面板编辑加工程序	1. 数控加工程序的输入方法 2. 数控加工程序的编辑方法 3. 网络知识
	（三）对刀	1. 能进行对刀并确定相关坐标系 2. 能设置刀具参数	1. 对刀的方法 2. 坐标系的知识 3. 刀具偏置补偿、半径补偿与刀具参数的输入方法
	（四）程序调试与运行	能够对程序进行校验、单步执行、空运行并完成零件试切	程序调试的方法
四、零件加工	（一）轮廓加工	1. 能进行轴、套类零件加工，并达到以下要求： （1）尺寸公差等级：IT6 （2）形位公差等级：IT8 （3）表面粗糙度：Ra1.6 2. 能进行盘类、支架类零件加工，并达到以下要求： （1）轴径公差等级：IT6 （2）孔径公差等级：IT7 （3）形位公差等级：IT8 （4）表面粗糙度：Ra1.6	1. 内外径的车削加工方法、测量方法 2. 形位公差的测量方法 3. 表面粗糙度的测量方法
	（二）螺纹加工	能进行单线等节距的普通三角螺纹、锥螺纹的加工，并达到以下要求： （1）尺寸公差等级：IT6～IT7 （2）形位公差等级：IT8 （3）表面粗糙度：Ra1.6	1. 常用螺纹的车削加工方法 2. 螺纹加工中的参数计算
	（三）槽类加工	能进行内径槽、外径槽和端面槽的加工，并达到以下要求： （1）尺寸公差等级：IT8 （2）形位公差等级：IT8 （3）表面粗糙度：Ra3.2	内径槽、外径槽和端面槽的加工方法
	（四）孔加工	能进行孔加工，并达到以下要求： （1）尺寸公差等级：IT7 （2）形位公差等级：IT8 （3）表面粗糙度：Ra3.2	孔的加工方法
	（五）零件的精度检验	能进行零件的长度、内径、外径、螺纹、角度精度检验	1. 通用量具的使用方法 2. 零件精度检验及测量方法

续表

职业功能	工作内容	技能要求	相关知识
五、数控车床维护和故障诊断	（一）数控车床日常维护	能根据说明书完成数控车床的定期及不定期维护保养,包括:机械、电、气、液压、冷却数控系统检查和日常保养等	1. 数控车床说明书 2. 数控车床日常保养方法 3. 数控车床操作规程 4. 数控系统(进口与国产数控系统)使用说明书
	（二）数控车床故障诊断	1. 能读懂数控系统的报警信息 2. 能发现并排除由数控程序引起的数控车床的一般故障	1. 使用数控系统报警信息表的方法 2. 数控机床的编程和操作故障诊断方法
	（三）数控车床精度检查	能进行数控车床水平的检查	1. 水平仪的使用方法 2. 机床垫铁的调整方法

3.2 高级

职业功能	工作内容	技能要求	相关知识
一、加工准备	（一）读图与绘图	1. 能读懂中等复杂程度(如刀架)的装配图 2. 能根据装配图拆画零件图 3. 能测绘零件	1. 根据装配图拆画零件图的方法 2. 零件的测绘方法
	（二）制定加工工艺	能编制复杂零件的数控车床加工工艺文件	复杂零件数控车床加工工艺文件的制定
	（三）零件定位与装夹	1. 能选择和使用数控车床组合夹具和专用夹具 2. 能分析并计算车床夹具的定位误差 3. 能设计与自制装夹辅具(如心轴、轴套、定位件等)	1. 数控车床组合夹具和专用夹具的使用、调整方法 2. 专用夹具的使用方法 3. 夹具定位误差的分析与计算方法
	（四）刀具准备	1. 能选择各种刀具及刀具附件 2. 能根据难加工材料的特点,选择刀具的材料、结构和几何参数 3. 能刃磨特殊车削刀具	1. 专用刀具的种类、用途、特点和刃磨方法 2. 切削加工材料时的刀具材料和几何参数的确定方法
二、数控编程	（一）手工编程	能运用变量编程,编制含有公式曲线的零件数控加工程序	1. 固定循环和子程序的编程方法 2. 变量编程的规则和方法
	（二）计算机辅助编程	能用计算机绘图软件绘制装配图	计算机绘图软件的使用方法
	（三）数控加工仿真	能利用数控加工仿真软件实施加工过程仿真以及加工代码检查、干涉检查、工时估算	数控加工仿真软件的使用方法

续表

职业功能	工作内容	技能要求	相关知识
三、零件加工	（一）轮廓加工	能进行细长、薄壁零件加工,并达到以下要求: (1) 轴径公差等级:IT6 (2) 孔径公差等级:IT7 (3) 形位公差等级 IT8 (4) 表面粗糙度:$Ra1.6$	细长、薄壁零件加工的特点及装夹、车削方法
	（二)螺纹加工	1. 能进行单线和多线等节距的 T 形螺纹、锥螺纹加工,并达到以下要求: (1) 尺寸公差等级:IT6 (2) 形位公差等级:IT8 (3) 表面粗糙度:$Ra1.6$ 2. 能进行变节距螺纹的加工,并达到以下要求: (1) 尺寸公差等级:IT6 (2) 形位公差等级:IT7 (3) 表面粗糙度:$Ra1.6$	1. T 形螺纹、锥螺纹加工中的参数计算 2. 变节距螺纹的车削加工方法
	（三)孔加工	能进行深孔加工,并达到以下要求: (1) 尺寸公差等级:IT6 (2) 形位公差等级:IT8 (3) 表面粗糙度:$Ra1.6$	深孔的加工方法
	（四）配合件加工	能按装配图上的技术要求对套件进行零件加工和组装,配合公差达到IT7级	套件的加工方法
	（五)零件精度检验	1. 能在加工过程中使用百分表、千分表等进行在线测量,并进行加工技术参数的调整 2. 能够进行多线螺纹的检验 3. 能进行加工误差分析	1. 百分表、千分表的使用方法 2. 多线螺纹的精度检验方法 3. 误差分析的方法
四、数控车床维护与精度检验	（一）数控车床日常维护	1. 能制定数控车床的日常维护规程 2. 能监督检查数控车床的日常维护状况	1. 数控车床维护管理基本知识 2. 数控机床维护操作规程的制定方法
	（二)数控车床故障诊断	1. 能判断数控车床机械、液压、气压和冷却系统的一般故障 2. 能判断数控车床控制与电器系统的一般故障 3. 能够判断数控车床刀架的一般故障	1. 数控车床机械故障的诊断方法 2. 数控车床液压、气压元器件的基本原理 3. 数控机床电器元件的基本原理 4. 数控车床刀架结构
	（三)机床精度检验	1. 能利用量具、量规对机床主轴的垂直平行度、机床水平度等一般机床几何精度进行检验 2. 能进行机床切削精度检验	1. 机床几何精度检验内容及方法 2. 机床切削精度检验内容及方法

3.3 技师

职业功能	工作内容	技能要求	相关知识
一、工艺准备	(一)读图与绘图	1. 能绘制工装装配图 2. 能读懂常用数控车床的机械结构图及装配图	1. 工装装配图的画法 2. 常用数控车床的机械原理图及装配图的画法
	(二)制定加工工艺	1. 能编制高难度、高精度、特殊材料零件的数控加工多工种工艺文件 2. 能对零件的数控加工工艺进行合理性分析,并提出改进建议 3. 能推广应用新知识、新技术、新工艺、新材料	1. 零件的多种工艺分析方法 2. 数控加工工艺方案合理性的分析方法及改进措施 3. 特殊材料的加工方法 4. 新知识、新技术、新工艺、新材料
	(三)零件定位与装夹	能设计与制作零件的专用夹具	专用夹具的设计与制造方法
	(四)刀具准备	1. 能依据切削条件和刀具条件估算刀具的使用寿命 2. 根据刀具的使用寿命计算并设置相关参数 3. 能推广应用新刀具	1. 切削刀具的选用原则 2. 延长刀具使用寿命的方法 3. 刀具新材料、新技术 4. 刀具使用寿命的参数设定方法
二、数控编程	(一)手工编程	能编制车削中心、车铣中心的三轴及三轴以上(含旋转轴)的加工程序	编制车削中心、车铣中心加工程序的方法
	(二)计算机辅助编程	1. 能用计算机辅助设计/制造软件进行车削零件的造型和加工轨迹的生成 2. 能根据不同的数控系统进行后置处理并生成加工代码	1. 三维造型和编辑 2. 计算机辅助设计/制造软件(三维)的使用方法
	(三)数控加工仿真	能利用数控加工仿真软件分析和优化数控加工工艺	数控加工仿真软件的使用方法
三、零件加工	(一)轮廓加工	1. 能编制数控加工程序,车削多拐曲轴,并达到以下要求: (1) 直径公差等级:IT6 (2) 表面粗糙度:$Ra1.6$ 2. 能编制数控加工程序,对适合在车削中心加工的带有车削、铣削等工序的复杂零件进行加工	1. 多拐曲轴车削加工的基本知识 2. 车削加工中心加工复杂零件的车削方法
	(二)配合件加工	能进行两件(含两件)以上具有多处尺寸链配合的零件加工与配合	多尺寸链配合的零件加工方法
	(三)零件精度检验	能根据测量结果对加工误差进行分析,并提出改进措施	1. 精密零件的精度检验方法 2. 检具设计知识

续表

职业功能	工作内容	技能要求	相关知识
四、数控车床维护与精度检验	（一）数控车床维修	1. 能实施数控车床的一般维修 2. 能借助词典阅读数控设备的主要外文信息	1. 数控车床常用机械故障的维修方法 2. 数控车床专业外文知识
	（二）数控车床故障诊断与排除	1. 能排除数控车床机械、液压、气动和冷却系统的一般故障 2. 能排除数控车床控制与电器系统的一般故障 3. 能排除数控车床刀架的一般故障	1. 数控车床液压、气压元件的维修方法 2. 数控车床电器零件的维修方法，数控车床数控系统的基本原理 3. 数控车床刀架维修方法
	（三）机床精度检验	1. 能利用量具、量规对机床定位精度、重复定位精度、主轴精度、刀架的转位精度进行精度检验 2. 能根据机床切削精度判断机床精度误差	1. 机床定位精度检验、重复定位精度检验的内容及方法 2. 机床动态特性的基本原理
五、培训与管理	（一）操作指导	能指导本职业中级、高级工进行实际操作	操作指导书的编制方法
	（二）理论培训	1. 能对本职业中级、高级工和技师进行理论培训 2. 能系统地讲授各种切削刀具的特点和使用方法	1. 培训教材编写方法 2. 切削刀具的特点和使用方法
	（三）质量管理	能在本职工作中认真贯彻各项质量标准	相关质量标准
	（四）生产管理	能协助部门领导进行生产计划、调度及人员的管理	生产管理基本知识
	（五）技术改造与创新	能进行加工工艺、夹具、刀具的改进	数控加工工艺综合知识

3.4 高级技师

职业功能	工作内容	技能要求	相关知识
一、工艺分析与设计	（一）读图与绘图	1. 能绘制复杂的工装装配图 2. 能读懂常用数控车床的电气、液压原理图	1. 复杂工装设计方法 2. 常用数控车床电气、液压原理图的画法
	（二）制定加工工艺	1. 能对高难度、高精密零件的数控加工工艺方案进行优化并实施 2. 能编制多轴车削中心的数控加工工艺文件 3. 能对零件加工工艺提出改进建议	1. 复杂、精密零件加工工艺的系统知识 2. 车削中心、车铣中心加工工艺文件编制方法
	（三）零件定位与装夹	能对现有的数控车床夹具进行误差分析并提出改进建议	误差分析方法
	（四）刀具准备	能根据零件要求设计刀具，并提出制造方法	刀具的设计与制造知识

续表

职业功能	工作内容	技能要求	相关知识
二、零件加工	(一)异形零件加工	能解决高难度(如十字座类、连杆类、叉架类等异形零件)零件车削加工的技术问题,并制订工艺措施	高难度零件的加工方法
	(二)零件精度检验	能制订高难度零件加工过程中的精度检验方案	在机械加工全过程中影响质量的因素及提高质量的措施
三、数控车床维护与精度检验	(一)数控车床维修	1. 能组织并实施数控车床的重大维修 2. 能借助词典看懂数控设备的主要外文技术资料 3. 能针对机床运行现状合理调整数控系统相关参数	1. 数控车床大修方法 2. 数控系统机床参数信息表
	(二)数控车床故障诊断与排除	1. 能分析数控车床机械、液压、气压和冷却系统故障产生的原因,并能提出改进措施,减少故障率 2. 能根据机床电路图或可编程逻辑控制器(PLC)梯形图检查出故障发生点,并提出机床维修方案	1. 数控车床数控系统的控制方法 2. 数控机床机械、液压、气压和冷却系统结构调整和维修方法 3. 机床电路图使用方法 4. 可编程逻辑控制器(PLC)的使用方法
	(三)机床精度检验	1. 能利用激光干涉仪或其他设备对数控车床进行定位精度、重复定位精度、导轨垂直平行度的检验 2. 能通过调整和修改机床参数对可补偿的机床误差进行精度补偿	1. 激光干涉仪的使用方法 2. 误差统计和计算方法 3. 数控系统中机床误差的补偿方法
	(四)数控设备网络化	能借助网络设备和软件系统实现数控设备的网络化管理	数控设备网络接口相关技术
四、培训与管理	(一)指导操作	能指导本职业中级、高级工和技师进行实际操作	教学指导书的编写方法
	(二)理论培训	能对本职业中级、高级工和技师进行理论培训	教学计划与大纲的编制方法
	(三)质量管理	能应用全面质量管理知识,实现操作过程的质量分析与控制	质量分析与控制方法
	(四)技术改造与创新	能组织实施技术改造和创新,并撰写相应的论文	科技论文撰写方法

4．比重表

4.1　理论知识

	项　目	中级/%	高级/%	技师/%	高级技师/%
基本要求	职业道德	5	5	5	5
	基础知识	20	20	15	15
相关知识	加工准备	15	15	30	–
	工艺分析与设计	–	–	–	40
	数控编程	20	20	10	–
	数控车床操作	5	5	–	–
	零件加工	30	30	20	15
	数控车床维护和故障诊断	5	–	–	–
	数控车床维护和精度检验	–	5	10	10
	培训和管理	–	–	10	15
合　计		100	100	100	100

4.2　技能操作

	项　目	中级/%	高级/%	技师/%	高级技师/%
相关知识	加工准备	10	10	20	–
	工艺分析与设计	–	–	–	35
	数控编程	20	20	30	–
	数控车床操作	5	5	–	–
	零件加工	60	60	40	45
	数控车床维护和故障诊断	5	–	–	–
	数控车床维护和精度检验	–	5	5	10
	培训和管理	–	–	5	10
合　计		100	100	100	100

附录 II 数控车削常用 G 代码

G 代码	组	功　　能
G00	01	定位(快速移动)
G01		直线插补(切削进给)
G02		圆弧插补 CW 或螺旋插补 CW
G03		圆弧插补 CCW 或螺旋插补 CCW
G04	00	暂停
G17	16	$XpYp$ 平面选择
G18		$ZpXp$ 平面选择
G19		$YpZp$ 平面选择
G20	06	英制数据输入
G21		公制数据输入
G27	00	返回参考点检测
G28		返回至参考点
G30		返回第 2、第 3、第 4 参考点
G31		跳过功能
G33	01	螺纹切削
G34		可变导程螺纹切削
G40	07	刀尖半径补偿取消
G41		刀尖半径补偿左
G42		刀尖半径补偿右
G54	14	工件坐标系 1 选择
G55		工件坐标系 2 选择
G56		工件坐标系 3 选择
G57		工件坐标系 4 选择
G58		工件坐标系 5 选择
G59		工件坐标系 6 选择

续表

G 代码	组	功　能
G70	00	精削循环
G71		外径/内径粗削循环
G72		端面粗削循环
G73		闭环切削循环
G74		端面切断循环
G75		外径/内径切断循环
G76		复合形螺纹切削循环
G90	01	外径/内径车削循环
G92		螺纹切削循环
G94		端面车削循环
G96	02	周速恒定控制
G97		周速恒定控制取消
G98	05	每分钟进给
G99		每转进给

参 考 文 献

［1］王忠斌,武威.数控加工编程与操作实训教程(数控车分册)［M］.北京:北京大学出版社.2014.

［2］刘万菊.数控车削技能实训［M］.北京:机械工业出版社.2010.

［3］周兰.数控车削编程与加工［M］.北京:机械工业出版社.2010.

［4］黄金龙.数控车床编程与实训［M］.北京:科学出版社.2007.

［5］刘昭琴,温智灵.机械零件数控车削加工实训［M］.北京:北京理工大学出版社.2013.